KB078995

우주와 별 이야기

하타나카 다케오 지음 | 김세원 옮김

AK

일러두기

1. 이 책은 국립국어원 외래어 표기법에 따라 외국 지명과 외국인 인명을 표기하였다.

2. 서적 제목은 겹낫표(『 』)로 표시하였으며, 그 외 인용, 강조, 생각 등은 따옴표를 사용하였다.
    예)『구약성서』,『알마게스트Almagest』,『지쿠마강 스케치千曲川のスケッチ』,『마쿠라노소시枕草子』

3. 이 책은 산돌과 Noto Sans 서체를 이용하여 제작되었다.

머리말

 세계 최대 망원경은 20억 광년 너머의 우주를 촬영하고, 새롭게 등장한 전파천문학은 점점 더 머나먼 우주의 모습을 탐사하고자 하는 시대다. 이처럼 새로운 시선으로 바라본 별의 생태와 우주의 구조를 소개하고 싶은 것이 이 책을 쓰는 동안 변함없이 품고 있던 나의 바람이다.

 특히 나날이 발전하는 과학기술의 진보로 밝혀지고 있는 우주의 끊임없이 변화하는 모습을 소개하고 싶었다. 빛과 열을 발산하며 냉각의 길을 걷고 있다고 믿었던 태양이 사실은 뜨겁게 팽창하고 있다는 사실, 지금 이 순간에도 새로운 별이 태어나고 또 어느 별은 죽어가고 있다는 사실, 일단 한번 죽은 별은 우주 공간에 흩어졌다가 다시 한 번 모습을 바꿔 새로운 별로 태어난다는 사실 등, 이렇게 우주가 변화해가는 모습을 소개하고 싶었다.

 멀게만 느껴지던 천문학이지만, 사실은 우리 실생활과 밀접한 관계가 있다. 시간을 담당하고, 달력을 만들고, 항해와 측량의 기초가 되어주고, 태양의 활동을 끝없이 감시한다. 이처럼 천문학은 사회의 질서와 인간의 행복을 위해 보이지 않는 공헌을 하고 있다. 그러나 이 책에서 새삼스레 그런 공헌을 부각하기보다 오로지 우주의 진실과 아름다움을 밝히고 싶을 뿐이다.

책에 실린 내용의 거의 대부분은 이미 학계에서 인정받은 가설들이다. 다만 후반부에 소개할 '별의 윤회'에 대한 발상은 최근 일본의 물리학자와 천문학자의 공동 연구로 탄생한 새로운 연구 결과가 바탕이 되었다는 점을 미리 밝힌다.

내용이 워낙 방대해서 소책자에 모두 담기에는 제한이 많았던 것도 사실이다. 어느 부분을 취하고 어느 부분을 버릴 것인지 오래도록 고심했지만, 부족한 면이 많다는 비난은 피하지 못할 듯하다. 또한 책의 특성상 표현에 신중을 기하지 못했거나 착오와 실수를 저지른 부분도 있을지 모른다. 부디 현명한 독자 여러분의 비판을 감사히 기다리고 있겠다.

책의 내용에 대해 수많은 조언을 아끼지 않았던 동문 오사와 기요테루大沢清輝, 오비 신야小尾信弥, 다카세 분시로

高瀨文志郎 님, 그리고 책을 완성하기까지 협력해주신 이와나미 서점 편집부의 이와사키 가쓰미岩崎勝海, 가토 후사노스케加藤房之助, 마키노 마사히사牧野正久 님에게 깊은 감사의 마음을 전한다.

하타나카 다케오

목차

III. 은하계의 구조

IV. 유전되는 우주

Ⅰ. 밤하늘의 별

1. 별자리

산 정상에서 바라본 별

도시의 밤하늘을 올려다보며 별을 찾아보려 하면 안타까운 마음뿐이다. 하늘은 여전히 대낮처럼 밝고, 마치 별 몇 개를 붙이다 만 것만 같다. 그러나 깜깜한 해변이나 산 정상에서 바라본 밤하늘은 반짝이는 별들로 눈부시다. 나는 게으른 데다 등산에도 소질이 없지만, 아주 오래전 여름방학에 아사마산(일본 나가노현의 활화산-역자 주)에 올랐던 일만은 아직도 생생히 기억하고 있다. 여름철 아사마산을 등반할 때는 밤사이에 정상에 올라 일출을 본 후 바로 내려오고는 했다. 그날의 밤하늘은 정말이지 맑아서 하늘 한쪽에 별들이 무수히 빛나고 있었다. 누름못(압정, 押釘) 몇 개를 박아둔 듯한 그저 그런 모습이 아니었다. 낡은 표현이기는 하지만, 마치 밤하늘에 은빛 모래를 뿌려놓은 듯했다. 별자리를 꽤나 외우고 있었지만, 그토록 수많은 별들 속에서는 무엇이 어떤 별자리인지 가늠할 수 없었다. 일본의 시인이자 소설가 시마자키 도손島崎藤村은 『지쿠마 강 스케치千曲川のスケッチ』라는 작품에서 "산 정상의 별은

너에게 보여주고 싶은 것들 중 하나"라고 말했다. 내가 본 산 정상의 별도 정말 그랬다.

별은 밝은 별이 있는가 하면, 어두운 별도 있다. 그래서 오래전부터 별을 밝기에 따라 1등성, 2등성, 3등성 등으로 불러왔다. 예를 들어 칠석에 얽힌 전설로 유명한 견우성과 직녀성은 1등성이고, 북극성은 2등성이다. 망원경 등 기계의 힘을 빌리지 않고 맨눈으로 볼 수 있는 가장 어두운 별은 6등성이다. 하늘 전체의 별을 6등성까지 나누면 모두 합쳐 대략 6,000개 정도가 된다. 평균적으로 그중 절반은 지면 아래에 위치하고 지평선에서 가까운 별은 우리 눈에 잘 보이지 않는다는 점을 고려하면, 한 번에 볼 수 있는 별의 수는 대략 2,000개 정도다. 별이 무수히 많다고 하지만 의외로 적은 숫자다. 하지만 이렇게 맨눈으로 볼 수 있는 별 외에 더욱 어두운 별들을 추가한 별의 목록이 존재하는데, 이 목록은 별의 족보나 다름없다.

실려 있는 별이 가장 많은 목록에는 약 50만 개의 별이 수록되어 있다. 그러나 망원경으로 관측할 수 있는 별은 50만 개보다 훨씬 많다. 어두운 별까지 세면 그 수가 더욱 증가하지만, 목록에 실린 별들은 사실 지구와 아주 가까운 별들에 한정한 것이다. 이 세상에 존재하는 별의 개수가 얼마나 되느냐는 질문을 받는다면, 우리 은하에만 대략 1,000억 개의 별이 존재한다고 대답해두겠다. 책에서 말하는 '별'은 특별한 경우를 제외하면 태양처럼 스스로 빛을 발산하는 '항성'을 가리킨다. 지구, 수성, 금성과 같이 스스로 빛을 내뿜지 않고 항성의 주위를 도는 '행성'은 별에 포함하지 않았다. 행성까지 포함하면 달처럼 행성의 주위를 도는 '위성'까지 별의 개수에 포함해야 하는데, 그랬다가는 그 숫자를 도무지 헤아릴 수 없다. 왜냐하면 행성을 거느린 항성은 태양 이외에 아직 발견되지 않았기 때문이다. 지금까지 발견되지 않았다고 해서 존재하지 않는다는 의미는 결코 아니다. 태양의 빛이 닿는 항성은 엄청나게 밝기 때문에 설령 그 옆에 행성이 있어도 빛에 가려져 잘 보이지 않을 수 있기 때문이다.

그러나 실제 관측을 하지 않더라도 행성을 거느린 별이 그밖에도 존재하는지 추론하는 방법이 있다. 태양계가 도대체 어떻게 탄생했는지 생성 요인을 이론적으로 밝혀내면 된다. 만약 태양계가 아주 우연한 사건의 결과로 탄생했다면 행성을 보유한 별은 거의 없을 것이고, 반대로 태양계가 일상적인 원인으로 탄생했다면 대부분의 별이 행성을 거느리고 있을 것이다. 태양계가 어떻게 탄생했는지는 책의 후반부에서 소개할 텐데, 최근에는 태양계가 일상적인 원인으로 생겨났다는 가설이 지지를 받고 있다. 별들 중 1%, 혹은 10%가 행성계를 거느리고 있다고 믿는 것이다.

행성계가 일상적인 원인으로 탄생했다면, 은하계 속에 포함된 행성의 수는 엄청나게 많을 수밖에 없다. 그리고 그중에는 지구처럼 생명체가 살기 적합한 행성도 존재할 것이다. 우주 어딘가에는 생명체가 태어나고 진화해 독특한 문화를 형성하고 있을지도 모를 일이다.

한편 별의 개수가 약 1,000억 개라는 말은 우리 은하 안에만 해당되는 이야기다. 우주에는 우리 은하와 같은 거대한 별의 집단이 몇십억, 몇백억 개나 된다. 우주 전체에 존재하는 별의 개수는 그야말로 천문학적인 숫자에 달한다.

별의 밝기

별을 밝은 것부터 1등성, 2등성 등으로 부른다는 사실은 앞에서 이야기한 그대로다. 처음에는 맨눈으로 관측한 감각을 기준으로 이러한 등급을 매겼다. 그러나 시간이 많이 흐른 후에 실제로 밝기를 측정해보니 1등성, 2등성 등의 구분은 한 등급마다 밝기가 같은 양만큼 차이나는 것이 아니라 1등성이 2등성보다 몇 배 밝고, 2등성이 3등성보다 몇 배 밝다는 식으로 비율이 똑같은 구분법이 있다는 사실을 알아냈다. 이는 외부로부터의 자극이 일정한 비율로 증가하면, 그에 대한 인간의 감각 역시 등차적으로 증가한다는 심리학 이론과 일맥상통한다.

이후 학자들은 우리 선조들이 정해놓은 1등성, 2등성 등의 기준을 최대한 무너뜨리지 않으면서도 새로운 학문 발달에 부응하도록 별의 등급을 새로 수정했다. 1등성이 6등성보다 약 100배 밝고 등급의 차가 5등급이라는 점에 착안하여, 별들끼리 5등급의 차이가 있을 경우에 빛의 밝기가 정확히 100배가 되도록 설정한 것이다. 등급 하나의 차이는 2.512… 배에 해당한다. 그리고 서로 약속하에 표준 등급의 별을 정해놓았기 때문에 별의 등급은 빛의 밝기를 측정하는 방법만 발전하면 한없이 상세히 설정할 수 있게 되었다. 표준이 되는 1등성보다 밝은 별은 0등성, -1

등성 등으로 거슬러 내려가고, 6등성보다 어두운 별은 7등성, 8등성 등으로 세져 나간다. 새로 정해진 등급에서는 직녀성이 0.1등성, 견우성이 0.9등성, 우주 전체에서 가장 밝다고 알려진 시리우스는 무려 -1.6등성이다.

밝기가 같은 별이어도 거리가 멀면 어둡게 보이는 것이 당연하다. 거리가 2배 멀어지면 빛의 세기는 4분의 1로 감소한다. 그러므로 맨눈으로 보았을 때 밝은 별이 반드시 더 밝은 별이라고 확신하면 안 된다. 가깝기에 더 밝게 보이는 경우도 있기 때문이다. 별이 실제로 어느 정도의 밝기를 보유하고 있는지는 그 별이 지구로부터 얼마나 떨어져 있는지 거리를 파악해 환산해야 한다. 시리우스의 사례를 살펴보자. 시리우스와 견우성은 등급으로 2.5등급 차이, 빛의 밝기는 10배 정도 차이가 난다. 그러나 지구와 시리우스의 거리는 8.7광년이고, 지구와 견우성의 거리는 16.5광년이므로 거리를 고려하면 시리우스가 견우성보다 고작 2.8배 밝을 뿐이다. 시리우스와 직녀성을 비교해봐도 겉보기로 1.7등급 차이, 즉 시리우스가 직녀성보다 4.8배 더 밝다. 그러나 직녀성은 지구로부터 26.5광년이나 떨어져 있기 때문에 실제로는 직녀성이 시리우스보다 약

2배 밝은 셈이다.

별의 거리는 '광년'이라는 단위를 사용한다. 1광년이란 1년 동안 빛이 도달하는 거리를 말한다. 빛은 1초에 30만 ㎞를 주파하는데, 1년이 약 3,200만 초이므로 1광년은 대략 1이라는 숫자 뒤에 0을 13개 붙인 만큼의 거리다. 지구로부터 가장 가까운 별까지의 거리가 약 4.3광년이다. 빛으로 달까지 약 2초, 태양까지 약 8분 걸린다는 점을 고려하면 별이 얼마나 멀리 떨어져 있는지 새삼스레 깨닫게 된다. 그러나 은하계의 지름이 약 10만 광년에 달하기 때문에 10광년, 20광년 정도는 별의 세계에서 지극히 가까운 거리라고 볼 수 있다.

별자리의 유래

밤하늘에 보이는 별은 모두 은하계 안에 존재하는 별이지만, 그중에서도 어느 별은 가깝고 어느 별은 멀다.

그리고 우리가 올려다보는 별들은 소리 없이 돌아가는 커다란 원형 천장에 보석을 박아놓은 것처럼 보인다. 아주 오래전부터 우리 선조들은 그중에서도 밝고 눈에 띄는 별들을 이어 부르기 쉽고 기억하기 쉽도록 그 형태에서 지상의 동물이나 신화 속의 신들을 떠올려 이름을 붙였다. 별자리는 이렇게 탄생한 것이다.

별자리의 종류와 명칭은 고대 문화 발생지에 따라 조금씩 다르지만, 지금 우리가 친숙하게 사용하고 있는 별자리의 기원은 4,000년 전의 메소포타미아 문명 때로 거슬러 올라간다. 뱀, 독수리, 사자, 전갈, 고래 등 동물의 이름을 딴 별자리는 바로 이 시대에 이름이 정해졌다. 코끼리, 악어, 호랑이와 같은 동물 이름이 별자리에 붙지 않은 이유는 별자리에 이름을 붙이기 시작한 지역이 이집트나 인도가 아니었기 때문으로 추정된다.

별자리들은 이후 이집트나 그리스에 전해져 조금씩 형태를 다듬어갔다. 기원전 20년 무렵, 그리스의 시인 아라토스Aratos가 쓴 〈하늘의 현상Phainomena〉이라는 시에는 이미 44개의 별자리 이름이 등장하고, 2세기 무렵에 그리스의 천문학자 프톨레마이오스Ptolemaios가 쓴 천문학 저서 『알마게스트Almagest』에는 48개의 별자리가 기록돼 있다.

최초의 별자리는 눈에 띄는 별들을 연결해 만들었다.

그러나 점점 어두운 별까지 포함되어 별자리가 하늘을 나누는 경계로 사용되기에 이르렀다. 그래서 하늘에는 빈틈 없이 새로운 별자리가 만들어졌고, 거기에 남반구의 별자리까지 추가되어 현재는 그 수가 88개에 달한다. 새로 생긴 별자리 중에 망원경자리, 현미경자리, 수준기자리 등과 같이 별을 이어보아도 그 형태가 잘 만들어지지 않고, 이름을 들었을 때 운치가 느껴지지 않는 이름이 많다는 점은 괜히 아쉽기만 하다.

별자리 안에서 별 하나하나를 지칭할 때는 오리온자리 알파, 페르세우스자리 베타, 세페우스자리 델타와 같이 별자리마다 대략 가장 밝은 별부터 순서대로 알파, 베타, 감마 등을 붙여서 부른다. 알파, 베타, 감마 등이 붙은 이름도 고대에 정해진 그대로다. 이처럼 별은 수학 기호로 번호가 매겨져 있기도 하다.

그리스 신화 속에서 페르세우스는 머리카락이 뱀의 형상을 한 여인 메두사의 머리를 베고 돌아오던 길에 괴물고래에게 제물로 바쳐질 신세가 되어 바위에 쇠사슬로 묶여 있던 안드로메다 공주를 구한 왕자다. 페르세우스자리 베타는 그의 왼손에 들려 있던 메두사의 머리 부분인데,

빛의 세기가 2.867일마다 규칙적으로 어두워지는 별이며 '알골'이라는 이름으로 불리기도 한다. 알골은 '악마'를 뜻하는데, 섬뜩하게 빛이 변하는 별에 정말이지 딱 어울리는 이름이다. 그러나 현재는 별의 빛이 규칙적으로 어두워지는 이유가 두 개의 별이 서로 공전하다가 어두운 별이 밝은 별에 가까이 다가왔을 때 나타나는 현상이라는 사실이 밝혀졌고, 이제는 이 빛의 변화를 별의 크기를 추정하는 수단으로 역이용하고 있다. 게다가 최근에는 알골이 사실 네 개의 별로 이뤄졌다는 연구 결과까지 발표되었다. 페르세우스, 메두사, 알골 등의 이름은 하나인 줄 알았던 별이 사실은 네 개의 별로 구성되었다는 사실을 연구할 때 아무런 도움이 되지 않는다. 또한 우리가 어떤 별의 온도가 몇이고, 반지름이 몇인지 논의하는 데는 그 별이 속한 별자리 이름은 전혀 상관이 없다. 그러나 이처럼 냉정하게 과학적인 논쟁을 하다가도 별자리에 담긴 이야기가 문득 떠오를 때가 있다. 천문학이 아무리 발전해도 별자리에 담긴 낭만은 언제까지나 우리와 함께할 것이다.

사계절과 별자리

여름철 밤하늘에는 머리 위로 은하수가 남북으로 흐르고, 견우성과 직녀성이 은하수를 사이에 두고 칠석의 밤을 밝힌다. 또 은하수에는 백조자리가 떠다니고, 은하수를 따라 남쪽으로 시선을 옮기면 전갈자리, 궁수자리(사수자리) 등의 별자리가 아름답게 빛난다. 은하수는 궁수자리 부근에서 마치 범람한 것처럼 보이기도 한다. 우리 은하의 중심은 이쪽 방향으로 대략 3만 광년 너머에 존재한다.

가을철 밤하늘은 천마 페가수스와 왕녀 안드로메다, 그리고 그녀의 부모인 세페우스 왕과 카시오페이아 왕비, 안드로메다 공주를 구한 페르세우스 등 그리스 신화와 관련이 깊은 별자리들이 장식하고 있다. 늦가을 동쪽 하늘에는 황소자리에 자리한 별 무리, 즉 플레이아도스 성단이 떠오른다.

땅 위로 차가운 바람이 휘몰아치는 겨울의 밤하늘은 더없이 화려하다. 오리온자리가 그 주인공인데, 큰개자리, 작은개자리, 쌍둥이자리가 저마다 다채롭게 무대를 꾸미고 있다.

옅은 안개 너머로 보이는 봄철 밤하늘에서 눈에 띄는 별자리는 처녀자리와 사자자리 정도에 불과해 별이 드문드문 있다고 느껴지지만, 북두칠성이 북쪽 하늘 저 먼 곳까지 뻗어 있어 허전함을 달랜다.

사계절마다 관찰되는 별자리가 다른 이유는 두말할 필요도 없이 지구가 태양 주위를 공전하기 때문이다. 즉 한밤중에 남북을 잇는 자오선 위로 보이는 별은 지구에서 볼 때 태양의 반대쪽에 있는 별이고, 지구가 궤도를 반 정도 틀어 맞은편 방향으로 향하면 지구에서 볼 때 태양의 반대쪽 별은 전혀 다른 것이기 때문이다. 만약 우리가 공기가 없는 달에 살고 있다면 낮에도 별이 보이고 하루 종일 수많은 별자리를 관측할 수 있을 것이다. 그렇게 되면 우리가 현재 느끼고 있는 별자리에 의한 계절감은 전부 사라지고 만다. 사실 달에서의 하루는 지구로 치면 한 달 가까운 시간이기 때문에 1년은 12~13일 정도밖에 되지 않아 계절을 따지기 어렵지만 말이다.

가령 지구에 공기가 없고 낮에도 별이 뚜렷이 보인다고 가정한다면 어떨까? 태양이 매일 별자리 사이사이를 누비고 다녀 1년이면 별자리를 한 바퀴 돌게 될 것이다. 태양이 움직이는 궤도는 정해져 있다. 태양의 궤도를 황도黃道

라고 하는데, 그곳에는 12개의 별자리가 있다. 춘분 무렵에 물고기자리에 있던 태양은 양자리, 황소자리, 쌍둥이자리, 게자리, 사자자리, 처녀자리, 천칭자리, 전갈자리, 궁수자리, 염소자리, 물병자리를 지나고 그다음 춘분에 다시 물고기자리로 되돌아온다.

이처럼 황도는 태양이 별자리 사이사이를 지나는 길이다. 행성 역시 이 황도 부근을 이동한다. 따라서 행성이 머무는 별자리도 황도의 12개 별자리에 한정된다. 행성이 이동하는 길이 황도 주변에 한정돼 있는 이유는 지구를 포함한 모든 행성의 궤도면이 거의 같기 때문이다. 지구의 궤도면을 기준으로 가장 기울어져 있는 행성은 명왕성인데(2006년에 명왕성은 태양계 행성 지위를 잃고 왜소행성으로 분류됐다.-역자 주), 그 기울기는 17°다. 만일 명왕성을 제외한다면 그다음은 약 7°인 수성의 기울기다. 행성의 궤도가 거의 일직선상에 놓여 있다는 점은 태양계의 특수성 중 하나다. 태양계가 어떻게 탄생했는지 논하려면 이 두드러진 특징까지 설명할 수 있어야 한다.

우리는 이러한 별 이야기에 앞서 여름부터 겨울에 걸쳐 밤하늘을 장식하는 거문고자리, 백조자리, 황소자리, 오리온자리를 되짚어보려고 한다. 이들은 밤하늘의 대표적인 별자리이자 이야기의 시작을 알리기에 매우 흥미로운 우주 현상을 담고 있기 때문이다. 또한 그리스 신화에 묘사되어 있는 이 별자리들의 모습이 근대에 진행된 연구 결과 어떠한 변모를 보이고 있는지도 살펴보려고 한다. 이처럼 별자리들을 탐구하다 보면 천문학의 새 숨결을 느낄 수 있다. 그뿐만 아니라 우주의 신비가 조금씩 밝혀지면서 더욱 새로운 이야기가 탄생하는 모습을 지켜보게 될 것이다.

2. 거문고와 백조

칠석의 별

칠석은 음력으로 칠월 초이렛날로 칠석에 얽혀 있는 전설은 매우 유명하다. 옥황상제의 딸인 직녀는 베틀로 베를 짜는 데 소질이 있었는데, 옥황상제는 그런 딸을 매우 자랑스러워하며 견우를 사위로 삼았다. 그런데 혼인 후, 직녀가 베 짜는 일을 게을리하자 옥황상제는 크게 분노하고 만다. 결국 옥황상제는 견우와 직녀를 은하수를 사이에 두고 동쪽과 서쪽에 떨어져 살게 했다. 그러나 두 사람의 애처로운 모습이 안쓰러워 칠석 날 밤, 단 하루만 은하수를 건널 수 있게 허락했다. 하지만 칠석 날 밤에 비라도 내리면 강물이 불어나 두 사람은 도저히 만나지 못하는 처지였다. 그 둘을 불쌍히 여기는 마음에 달도, 인간들도 쾌청한 밤하늘이 되기를 기원한다는 애틋하면서도 마음이 따뜻해지는 전설이다.

칠석 날 밤하늘을 밤새 바라보다가 견우성(알타이르, Altair)과 직녀성(베가, Vega)이 정말 가까워지는지 진지하게 관찰한 적이 있다. 전설이 사실이었다고 말하고 싶지만, 안타깝게도 두 별은 밤새 가까워지지도, 멀어지지도 않았다. 직녀성은 지구로부터 26.5광년 떨어져 있고, 두 별 사이의 거리는 16광년이나 되는 것이 현실이다. 16광년이면 세상에서 가장 빠르다는 빛의 속도로도 16년이나 걸리는 머나먼 거리다. 하룻밤 사이에 강을 건넜다가 되돌아온다는 건 아무리 신비로운 우주라고 해도 무리가 따른다.

직녀성과 그 부근의 별들은 거문고자리에 속한다. 거문고자리는 그리스 신화 속에서 하프의 명수 오르페우스가 들고 있던 하프에 해당한다. 세상을 떠난 아내 에우리디

케를 만나기 위해 저승인 명계冥界로 내려간 오르페우스는 저승의 왕 플루토의 허락을 받아 아내를 데리고 돌아오던 길에 플루토와의 약속을 잊고 아내의 얼굴을 돌아보는 바람에 또다시 아내의 죽음을 지켜봐야 했다. 그 후 오르페우스가 비명횡사하자 신이 가엾게 여겨 그의 하프를 하늘로 들고 올라갔다고 한다.

직녀성은 칠석을 상징하는 별이자 북반구 밤하늘의 가장 밝은 별로 우리에게 이미 친숙하지만, 이 별이 지금으로부터 약 1만3,000년 전에는 북극성이었으며 지금으로부터 1만2,000년 하고도 수백 년 후에 다시 북극성이 된다는 사실을 알게 되면 더욱 큰 관심이 갈 것이다.

현재의 북극성이란 지구 자전축의 방향으로 때마침 보이는 것일 뿐이다. 지구는 지축을 축으로 자전하지만, 마치 팽이가 중심을 축으로 회전할 때 축의 기울기도 함께 회전운동을 하는 것처럼 지구 자전축의 방향이 공간 안에서 천천히 회전하여 약 2만6,000년이면 한 바퀴를 돌게 된다. 그러므로 우리가 말하는 북극 방향은 천구 위에서 커다란 원을 그리며 회전하고, 지금으로부터 1만2,000년 하고도 수백 년 후에 직녀성 근처를 지나게 된다. 현재의 북극성은 진짜 하늘의 북극, 다시 말해 지구 자전축의 연장선 방향에서 약 1° 떨어져 있다. 2100년 무렵에는 그 절반 이내로 가까워질 예정인데, 그 이후에는 서서히 멀어지게 된다. 북극 근처에서 밝게 빛나는 별을 볼 수 없는 시대가 오는 것이다. 우리는 오늘날 이 밝은 북극성이 진짜로 하늘의 북극 가까이에 자리하고 있다는 사실을 행복하게 여겨야 한다.

백조자리 61

견우성과 직녀성 사이에 흐르는 은하수를 따라 커다란 십자 모양을 형성하고 있는 여섯 개의 별이 있다. 남반구 하늘에 있는 남십자성과 대조해서 이 별들을 북십자성이라고 부르는데, 그리스인들은 여기에서 백조의 모습을 떠올렸다.

이 백조는 최고의 신 제우스가 아름다운 여인 레다에게 접근하기 위해 바꾸었던 모습이다. 레다가 낳은 두 개의 알 중 하나에서는 훗날 트로이 전쟁의 불씨가 되고만 헬레네가 태어났고, 또 다른 알에서는 카스토리와 폴리데우케

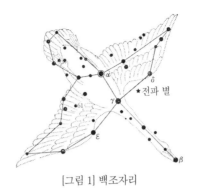

[그림 1] 백조자리

스 쌍둥이 형제가 태어났다.

백조자리의 십자가는 1등성 하나, 2등성 하나, 3등성 세 개로 이루어져 있다. 십자가의 왼쪽 상단에는 보일락 말락 희미하게 빛나는 백조자리 61번성, 짧게 말해 백조자리 61이 있다. 그다지 눈에 띄지 않는 이 별은 지구와의 거리가 맨 처음 밝혀진 별로서 천문학 역사에서 특별한 위치를 차지하고 있다. 그리고 최근 들어 행성계를 거느리고 있는 것으로 추정되는 희귀한 별이기도 하다. 백조자리 61을 통해 지구와 별 사이의 거리를 어떻게 측정하는지 알아보자.

별의 거리를 측정하는 가장 기본적인 방법은 땅 위에서

거리를 잴 때 사용하는 삼각측량법의 원리를 따르는 것이다. 지도를 만들 때는 기준이 되는 두 개의 점을 정한 후, 두 점을 연결하는 기선의 길이를 최대한 정확하게 잰다. 그리고 측정하려는 제3의 점을, 기준이 되는 두 점에서 볼 때 기선에서 각각 어느 방향에 위치하는지 세밀하게 측정한다. 그러면 제3의 점은 기준이 되는 두 점에서 바라본 두 방향의 교차점이므로 기선을 기준으로 위치가 정해지게 된다.

우리의 눈이 사물의 원근을 느낄 때도 두 눈으로 바라보는 방향의 차이로 판단하는 것이다. 이 역시 일종의 삼각측량법이다. 그러나 눈과 눈 사이의 간격이 좁기 때문에 어느 정도 멀리 떨어진 물체는 원근 판단이 쉽지 않다. 삼각측량을 할 때는 기선의 길이가 길지 않으면 먼 거리를 정확히 잴 수 없다.

그렇다면 지구 위에서 가장 긴 기선이 무엇일까? 그것은 바로 지구의 양 끝에 한참 떨어져 있는 두 개의 천문대라고 볼 수 있다. 실제로 지구에서 달이나 소행성까지의 거리는 이러한 방식으로 측정해왔다. 그러나 항성의 거리는 너무나 멀기 때문에 지상에서 아무리 긴 기선이라고 해도 역할을 제대로 하지 못한다.

하지만 다행히도 우리에게는 더욱 긴 기선이 있다. 바로 지구가 태양을 돌고 있는 궤도의 양 끝을 이용하는 방법이다. 예를 들어 봄과 가을, 여름과 겨울처럼 반년이 지났을 때 지구의 위치를 사용하는 것이다. 지구의 지름은 약 1만3,000㎞이고, 지구 궤도의 지름은 3억 ㎞이므로 이 방법을 사용하면 2만 배 정도 긴 기선을 얻을 수 있다.

지구가 태양 주위를 도는 궤도상에서 정확히 바로 위쪽 방향으로 별이 있다면, 지구가 한 번 공전할 때마다 그 별은 천구 위에서 1년 동안 작은 원을 그리는 것처럼 보인다. 만약 비스듬한 방향에 있다면 별은 그냥 원이 아닌 타원을 그리게 되는데, 긴 쪽의 축이 그 별의 거리를 재는 기준이 된다. 따라서 별의 위치를 1년 동안 측정한 후에 타원을 완성해 그중에서 긴 축을 구하면, 드디어 별의 거리를 알 수 있다.

그러나 실제로 1년에 걸쳐 관측한 별의 위치 변화는 타원 모양이 아니라 용수철을 잡아 늘려 비스듬히 바라본 형태에 가깝다. 왜냐하면 별은 천구 위에서 움직이기 때문이다.

별은 움직인다. 먼 옛날 행성을 항성이라고 불렀던 이유는 항성이 천구에 고정되어 전혀 움직이지 않는다고 생각했기 때문이다. 그러나 별들의 위치는 조금씩 바뀌어간다. 겉보기에 위치 변화가 큰 별은 1년 동안 10초각이나 움직인다. 달의 지름은 약 32분각이므로 이 별은 200년 동안 달의 지름만큼 위치를 바꾸는 셈이다. 이 정도로 변화가 큰 별은 많지 않지만, 매년 1초각 정도 움직이는 별들은 무수히 많다. (1분각은 1°를 60등분한 것이고, 1초각은 1분각을 60등분한 것이다.-역자 주)

별이 움직이는 것처럼 보이는 데는 지구의 공전을 제외하고도 두 가지 원인이 있다. 첫 번째는 별 자신이 움직이기 때문이고, 두 번째는 태양이 지구를 거느린 채 움직이기 때문이다. 나중에 설명하겠지만 은하계 역시 전체적으로 자전을 한다. 태양 가까이에 있는 별은 매초 약 270㎞의 속도로 은하 중심의 주위를 돌고 있다. 그러나 지구가 우리 인류를 싣고 자전하는 동안, 사람들은 땅 위에서 이쪽저쪽으로 움직이는 것처럼 별들도 은하 전체의 회전 외에 제각각 다른 방향으로 움직이고 있다.

만약 별들이 전부 정지하고 있고, 태양만 어느 일정한

방향으로 움직인다면 어떨까? 마치 기차 안에서 창밖을 내다볼 때 나무와 집들이 달려가듯 보이는 것처럼 별은 태양의 운동을 반영하여 움직이는 것처럼 보이게 된다. 게다가 별들은 저마다 다른 방향으로 이동하고 있다. 따라서 별들은 천구 위에서 움직이는 것처럼 보일 수밖에 없다.

만약 거리를 측정하려는 별이 지구로부터 아주 멀리 떨어져 있다면, 그 움직임은 알아채기 힘들 만큼 작아 보일 것이다. 반대로 겉보기에 운동이 큰 별이 있다면, 그 별은 지구와 근접하다고 생각해도 좋다. 별의 거리를 아직 측정하지 못했던 시대에도 이러한 별의 움직임을 파악하고 있었다. 그래서 별까지의 거리를 최초로 측정하기 위해서는 최대한 지구 가까이에 있는 별이 유리했기 때문에 이때까지 알고 있던 별 중에서도 큰 움직임이 관측된 별을 골라야 했다. 백조자리 61도 사실은 이러한 이유로 선택된 별 중 하나다.

독일의 천문학자 프리드리히 베셀Friedrich Wilhelm Bessel은 백조자리 61을 선택했다. 같은 시기에 에스토니아에 있던 독일계 러시아인 프리드리히 스트루베Friedrich Georg Whilhelm Struve는 거문고자리 알파, 즉 직녀성을 선택했고, 남아프리카공화국 케이프타운의 토머스 헨더슨Thomas Henderson은 남반구 하늘의 별, 센타우르스자리 알파를 선택해 관측에 매달렸다.

이 세 사람은 1838년부터 1839년 무렵, 거의 동시에 관측 결과를 발표했는데 그중에서도 베셀의 발표가 가장 빨랐다. 백조자리 61이 지구로부터의 거리를 알게 된 최초의 별이 된 것이다. 베셀이 발표한 백조자리 61까지의 거리는 10.3광년이었는데, 최근에 발표된 수치가 11.1광년이다. 베셀의 관측이 상당히 정확했다는 사실을 알 수 있다.

또 하나의 태양계

만약 지구에서 가장 가까운 항성에서 태양을 바라본다고 해도 태양의 밝은 빛에 현혹되어 바로 옆에 있는 어둡고 작은 지구는 거의 눈에 띄지 않을 것이다. 마찬가지로 밝은 항성 옆에 행성이 있다고 해도 눈에 직접 보일 가능성은 거의 없다. 그러나 특별한 관측법을 사용하여 간접적이나마 행성이 존재하리라 추정하는 별이 있다. 그 별은 바로 처음으로 거리를 측정한 별, 현재 우리가 여러 차례 언급하고 있는 백조자리 61이다.

백조자리 61은 5.6등성과 6.3등성짜리 두 별로 이루어져 있다. 커다란 망원경으로는 두 별을 구분하여 관측할 수 있는데, 두 별은 서로를 720년 주기로 공전하고 있다. 지구나 다른 행성이 태양 주위를 돌 때는 행성에 비해 태양의 질량이 훨씬 크기 때문에 태양이 고정되어 있고 행성만 돌고 있는 것처럼 보인다. 그러나 실제로는 고정되어 있는 것은 은하 전체의 중심이고, 더 정확하게 말하면 태양 역시 은하 중심의 주위를 돌고 있다. 두 별의 질량이 같을 때는 그 사실이 더욱 확실해진다. 두 별의 중심이 일정하고 각각의 별은 그 중심을 초점 중 하나로 삼아 타원 궤도를 그리며 돈다. 두 별은 언제나 중심의 반대쪽에 있고, 질량이 큰 별의 궤도는 작기 마련이다.

천문학자들은 머나먼 별의 세계에도 뉴턴의 법칙이 적용된다고 믿고 있다. 땅 위에 사과가 떨어지는 것도, 달이 지구 주위를 돌며 멀어지지 않는 것도, 지구가 태양 주위를 공전하는 것도 모두 뉴턴의 법칙으로 설명할 수 있다. 똑같은 법칙을 별의 세계에도 적용하는 것이다. 그러면 서로 공전하는 별 궤도의 크기와 주기로부터 별의 질량을 구할 수 있다. 거꾸로 말하면, 별의 질량을 구하는 거의 유일한 방법은 그 쌍성의 궤도와 주기를 파악하는 일이다.

백조자리 61은 쌍성이지만 720년이라는 엄청나게 긴 주기를 갖고 있어서 오랜 기간 관측하지 않으면 궤도를 온전히 파악하기 어렵다. 100년 동안 관측한 기록을 모두 축적해봤자 겨우 궤도의 7분의 1을 알게 될 뿐이다. 1942년에 백조자리 61의 과거 관측 기록을 정리한 카지 스트랜드Kaj Aage Gunnar Strand는 두 별의 질량이 각각 태양의 0.58배, 0.55배임을 계산해내면서 한 가지 사실을 깨달았다. 쌍성 중 한 별의 운동은 타원 형태지만, 또 다른 별은 타원 궤도 위쪽을 약 5년 주기로 물결치듯 작게 움직인다는 사실이었다. 그 원인은 우리 눈에 보이지 않는 작은 별이 이 별의 주위를 돌고 있기 때문이 아닐까? 만약 이 추론이 맞다면 이 별의 질량이 밝혀져 타원 궤도에서 살짝 벗어난 양과 주기를 측정할 수 있고, 보이지 않는 별의 질량도 추정할 수 있게 된다. 이러한 방법으로 스트랜드가 밝혀낸 보이지 않는 별의 질량은 태양의 60분의 1, 달리 표현하면 목성의 16배였다. 이 수치는 우리 태양계 안의 행성에 비해 약간 큰 편이지만 일반적인 항성에 비하면 아주 작고, 빛이 관측되지 않을 정도로 상당히 어둡다. 그렇다면 이 작은 별을 행성이라고 여겨도 되지 않을까? 태양계를 제외한 행성계의 존재는 이렇게 처음으로 추측하게 된 것이다.

행성을 보유했을지 모른다고 알려진 별이 또 하나 있다. 바로 뱀주인자리 70으로, 이 별 역시 쌍성이다. 지구에서 뱀주인자리 70까지의 거리는 16.4광년이고 쌍성의 공전 주기는 87년인데, 그 주변에 목성보다 약 8배 정도 질량이 큰 보이지 않는 별이 있다고 추측하고 있다.

지금까지 태양계 이외에 행성을 보유했을 것으로 추정되는 별은 백조자리 61과 뱀주인자리 70, 이 둘뿐이다. 맨눈으로 볼 수 있는 별만 해도 6,000개가 넘는데 고작 두 개밖에 발견하지 못했다니! 이 두 별이 행성을 거느렸음을 확실히 밝힌다고 해도 너무 적은 숫자라고 느껴진다. 그러나 발견에 이르기까지의 여정을 생각하면 꼭 적다고 말할 수도 없다. 우선 이 두 별은 모두 쌍성이다. 만약 단독 별이라면, 행성 탓에 별의 위치가 조금씩 움직이고 있다는 점을 알아채기 힘들다. 쌍성이기에 서로 상대적인 위치를 측정한 후, 비로소 작은 오차를 알아낼 수 있는 것이기 때문이다. 또한 행성을 보유했는지 알기 위해서는 지구에서 거리가 가까운 별이어야 한다. 질량이 작은 행성으로 인해 궤도에 오차가 생겨도 그 수치는 매우 작기 때문이다. 즉, 근거리에 위치하여 오랫동안 관측해온 쌍성에게서만 행성을 발견할 기회가 주어진다. 백조자리 61과 뱀주인자리 70은 이 조건들을 충족하고 있다. 만약 조건에 부합하지 않는 별이 행성을 보유하고 있다고 해도 현재의 관측 정밀도로는 그 행성을 발견하기 쉽지 않다. 그러므로 행성을 거느렸으리라 추정되는 별을 두 개밖에 발견하지 못했다고 해서 실제로 행성을 보유한 별이 드물다는 뜻은 아니다.

그러나 이에 대해 조금 더 보수적인 견해를 지닌 사람이 있다. 쌍성을 면밀히 관측하고 있는 사람들 중에는 백조자리 61의 궤도 오차는 단순히 관측상의 오차이며, 꼭 새로운 행성의 존재를 가리키는 것은 아니라고 생각하는 사람도 있다. 과연 어떤 의견이 옳은지는 앞으로 수많은 관측 기록이 쌓여야만 확인할 수 있을 것이다.

전파 별

지금까지 눈에 잘 띄지도 않는 백조자리 61이라는 별이 의외로 중요한 역할을 하고 있다는 사실을 소개했다. 그런데 우주에는 희미하여 거의 보이지 않아도 백조자리 61처럼 중요한 의미를 지닌 별이 또 하나 있다. 바로 백조자리 A라고 불리는 전파 별이다(그림 1 참조). 1930년 미국의 벨 전화연구소의 기술자 칼 잰스키Karl Guthe Jansky는 우연한 기회에 지구 밖에서 전파가 발산되고 있음을 발견했다. 잰스키는 원래 지구 대기 중에서 발생하여 먼 곳으로 전해지는 공중 전기, 즉 공전空電을 연구하고 있었다. 그가 측정한 공전은 마침 하루를 주기로 변화하고 있었는데, 얼마 지나지 않아 하루 중 변화의 폭이 가파른 시각이 조금씩 빨라지는 것을 깨달았다. 전파의 세기가 변하는 주기가 24시간이 아닌 23시간 56분, 다시 말해 별 하늘이 한 바퀴 도는 시간이라는 사실을 알아낸 것이다. 만약 어떤 현상이 24시간 주기를 보인다면 그것은 지구, 혹은 태양 때문일 가능성이 크다. 별 하늘과 똑같은 주기를 보인다는 것은 전파의 원인이 별 하늘, 즉 지구 대기나 태양보다 아득히 먼 별의 세계에 있다는 사실을 의미한다. 게다가 전파의 세기가 최대치를 기록하는 시각은 안테나의 방향이 은하수를 가리킬 때였다.

은하수 쪽에서 전파가 오고 있다는 잰스키의 이 발견은 1932년에 발표되었다. 그러나 당시에는 생각보다 큰 반향을 불러일으키지 못했다. 고작해야 잰스키의 연구 결과에 자극받은 미국의 아마추어 무선사 그로트 레버Grote Reber 가 스스로 안테나를 구축해 같은 연구에 뛰어들었을 뿐이다. 결국 레버는 우주 공간에서 전파의 강도 분포도를 작성하는 데 성공했고, 은하계 중심의 전파가 가장 강하다는 사실을 알아냈다.

레버의 연구와 함께 제2차 세계대전 중 우연히 태양으로부터 강렬한 전파를 수신한 일로 말미암아 종전 이후의 전파 연구는 급물살을 탔다. 그리고 전파천문학이라는 새로운 천문학 분야가 탄생되어 지금도 계속해서 발전하고 있다.

레버가 작성한 초기 전파 강도 분포도에서도 은하의 중심과 거의 직각 방향에 위치한 백조자리가 매우 강력한 전파를 내뿜고 있다는 사실을 발견할 수 있다. 또한 전파 관측 기술이 발전하면서 1946년 7월 무렵에는 백조자리의 아주 작은 부분에 강력한 전파를 내뿜는 천체, 즉 전파원이 있다는 사실도 알아냈다.

전파원으로 추정되는 장소에 특별히 밝은 별이 있는 것은 아니다. 만약 빛의 세기와 전파의 세기가 비례하는 관계라면 직녀성이나 큰개자리의 시리우스에서 강력한 전파원이 발견되어야 한다. 그러나 백조자리의 이 작지만 강력한 전파원은 전파는 강하게 내보내지만 빛은 발산하지 않는 별이라 하여 '전파 별'이라고 부르기 시작했다. 이후 전파 별은 계속해서 발견되었고, 현재 그 수는 2,000개를 웃돈다. 백조자리 A라고 불리는 이 천체는 사실 전파 별 1호였다.

전파 별이란 무엇일까? 이 물음은 제2차 세계대전 이후 천문학자들의 최대 궁금증이라고 해도 과언이 아니었다. 전파라는 새로운 감각기관을 얻은 천문학자들이 우주라는 수수께끼에 접속하여 예전에는 상상조차 할 수 없었던 그 신비로운 모습과 맞닥뜨리게 된 것이다. 오랜 세월에 걸쳐 쌓아올린 천문학 체계를 단숨에 혼란에 빠뜨릴 정도로 우주는 그 복잡하고도 미스터리한 실상을 드러내고 있다.

1952년에는 영국의 전파천문학자 마틴 라일Martin Ryle

과 프랜시스 그레이엄스미스Francis Graham-Smith가 자신들이 고안한 방법으로 백조자리 전파 별의 위치를 팔로마 천문대Palomar Observatory에 보고했다. 그러자 팔로마 천문대의 월터 바데Walter Baade와 루돌프 민코프스키Rudolph Minkowski는 그 위치를 향해 200인치짜리 거대 망원경을 세웠다. 그렇게 해서 그들이 발견한 것은 지구로부터 2억 광년 떨어진 곳에 위치한 두 개의 거대한 성운, 제각각 1,000억 개의 태양을 포함한 두 개의 거대 성운이 실제로 충돌하고 있는 모습이었다.

모든 전파 별이 백조자리 A와 같이 성운이 충돌하는 것은 아니다. 어떤 전파 별은 바로 뒤에 소개할 게 성운처럼 은하계 안에 발생한 특별한 가스 구름이기도 하다. 그러나 현재까지 발견된 약 2,000개의 전파 별 중에는 백조자리 A와 똑같은 원인으로 생성된 별이 더 존재할 것이다. 백조자리 A는 우주 전체에서 두 번째로 강력한 전파 별이며, 지구까지의 거리는 2억 광년에 달한다. 만약 백조자리 A의 지구까지의 거리가 20억 광년이었다면, 지구에서 감지되는 전파의 세기도 100분의 1로 줄어들 것이다. 20억 광년은 팔로마 천문대의 200인치 망원경으로 관측할 수 있는 가장 먼 거리다. 현재 가장 강력한 전파 망원경은 백조자리 A보다 1만분의 1이나 약한 전파 별까지 관측하고 있다. 그러므로 만약 그중에 백조자리 A와 비슷한 천체가 있다면 그 별은 20억 광년보다 더 먼 곳에 있어야 한다. 전파는 이미 광학적 한계를 뛰어넘어 우주의 저 먼 곳을 향하고 있다.

전파 별이라고 불리는 이 기묘한 천체의 정체는 지금까지 판명된 사실만 놓고 볼 때 모든 별에 비해 훨씬 크다. 그리고 실제로 전파 '별'이 존재하는지는 먼 훗날 밝혀질 것이다.

3. 황소자리

묘성

겨울철 별자리의 예고편으로 가을밤 동쪽 하늘에는 묘성昴星이 모습을 드러낸다. 맨눈으로도 6개 정도의 별들이 무리 지어 있는 모습을 확인할 수 있다. 일본의 작가 세이 쇼나곤清少納言은 그의 수필집 『마쿠라노소시枕草子』에서 "별은 묘성"이라며 칭송했고, 영국의 시인 앨프리드 테니슨Alfred Tennyson은 "은빛 끈에 얽혀 있는 한 무리의 반딧불이"라고 묘성을 묘사했다. 참고로 일본에서는 묘성을 '스바루'라고 부르는데, 실로 엮은 구슬 장식품을 가리키는 단어에서 유래한 말이다. 한편 서양에서는 묘성을 '플레이아데스'라고 부른다. 플레이아데스는 아틀라스와 플레이오네 사이에서 태어난 일곱 자매를 가리키는 이름이다. 『구약성서』에도 "네가 묘성을 매어 묶을 수 있으며, 삼성의 띠를 풀 수 있겠느냐" 하고 묘성이 등장하는 구절이 있다. 예부터 묘성이 삼성三星, 즉 오리온자리와 함께 매우 친숙한 별자리라는 사실을 짐작하게 한다. 묘성은 그 아래에 위치한 밝은 별, 알데비란을 포함하여 가로로 알파벳 브이V자 형태를 한 별 무리와 함께 황소자리를 구성한다. 그 모습은 마치 사냥꾼 오리온에게 덤벼드는 성난 황소를 닮았다. 망원경으로 관측해보면 묘성을 이루는 별이 얼마나 많은지 알 수 있다. 묘성의 가장 두드러진 특징이기도 한데, 정말로 밤하늘에는 100개가 넘는 별들이 함께 무리를 지어 있는 모습이 보인다. 이처럼 한 공간에 모여 있는 별 무리를 가리켜 '성단星團'이라고 한다.

별이 무리 지어 모여 있는 성단은 두 가지로 분류할 수 있다. 묘성은 두 가지 성단 중 하나에 속하고, 또 다른 종류의 성단은 책 앞부분의 사진에서 볼 수 있는 것처럼 별들이 구球 형태로 모여 중심부에서 바깥으로 향할수록 별의 개수가 줄어드는 성단이다. 묘성이 속해 있는 부류의 성단은 별들이 다소 산만하게 모여 있는데, 구 형태로 모여 있는 성단은 별들이 매우 정렬되어 있을 뿐만 아니라 빼곡하게 밀집되어 있다. 둘의 이름도 각각 달라서 묘성과 같은 성단을 산개성단散開星團, 구 형태로 모여 있는 성단을 구상성단球狀星團이라고 한다. 산개성단을 이루는 별의 개수는 수십 개부터 수백 개 정도지만, 구상성단은 수만 개의 별들로 이루어져 있다.

묘성과 같은 산개성단은 그 안에 포함된 별의 개수도 적고, 서로 끌어당기며 원래 형태를 보존하고자 하는 힘도 약하다. 계산 결과에 의하면 묘성은 약 1,000만 년 후에 지금과 전혀 다른 형태로 변한다고 한다. 묘성이 최초에 어떤 형태의 집단이었는지는 알 수 없다. 그러나 1,000만 년의 몇 배, 즉 수명이 1억 년 이내밖에 안 되는 집단이라는 사실은 짐작할 수 있다. 1억 년은 우주의 나이라고 알려진 50억 년에 비해 굉장히 짧은 시간이다. 한마디로 묘성은 우주가 탄생한 때보다 훨씬 나중에 만들어진 셈이다.

묘성이 우주의 나이에 비해 젊은 집단이라는 또 하나의 증거가 있다. 그것은 묘성에 푸르스름하게 빛나는 밝은 별이 많다는 사실이다. 나중에 자세히 설명하겠지만, 푸르스름하게 빛나는 밝은 별은 원자력을 마구 내뿜은 탓에 빛을 발하는 시간이 짧은 별이다. 만일 우주가 태어남과 동시에 묘성이 생겨났다면, 훨씬 오래전에 그 생애를 마쳤어야 한다. 그런 별이 지금까지 빛나고 있는 이유는 묘성이 매우 젊은 별의 집단이기 때문이다.

우주 안에 우주의 나이보다 훨씬 젊은 천체가 존재한다는 사실은 새로운 우주진화론의 근거 중 하나다. 현재 우주의 모습은 우주가 처음 생겨났을 때의 모습과 확연히 다르다. 우주는 시시각각 그 모습을 바꾸고 있다.

게 성운

황소자리에서 소의 뿔 끝에 위치한 별, 즉 황소자리 제타 근처에는 맨눈으로 잘 보이지 않는 희미한 가스 구름이

[그림 2] 황소자리

있다. 형태가 게의 모습을 닮아 이 가스 구름을 게 성운이라고 부른다. 18세기 말 무렵, 프랑스의 천문학자 샤를 메시에Charles Messier는 100여 개의 성운과 성단을 기록하여 목록을 만들었다. 그때 마침 1호를 차지한 것이 책의 앞부분에 사진으로도 소개한 게 성운이다. 그래서 게 성운은 '메시에의 1번'이라는 뜻에서 M1이라고 부르기도 한다. 같은 이유로 묘성은 M45, 안드로메다 대성운은 M31이라고 부른다. 게 성운은 우리 은하 안에 나타난 초신성의 잔해 가스로서, 그리고 전파 별의 하나로서 큰 주목을 받고 있다.

1921년 미국의 천문학자 덩컨J. C. Duncan은 12년의 간격을 두고 촬영한 두 장의 사진을 비교하다가 게 성운의 형태가 12년 전에 비해 아주 조금 변했다는 사실을 깨달았다. 의문을 해소하기 위해 정밀히 관측해보니 게 성운은 어느 한 점을 중심으로 팽창하듯 변형되고 있었다. 덩컨, 그리고 훗날 월터 바데의 관측에 의하면 게 성운은 지구로부터 3,000광년 정도 떨어져 있고, 지금도 초속 일천 수백 ㎞의 속도로 계속해서 팽창하고 있다. 그렇게 역산해보면 약 900년 전에는 게 성운이 하나의 점에 불과했다는 사실을 알 수 있다. 바꿔 말해 900년 전에 발생한 어떠한 사건 이후 가스가 팽창하기 시작했다는 의미다. 900년 전 우주에 도대체 무슨 일이 벌어졌던 걸까?

일본과 중국의 옛 기록에는 바로 그 비밀이 숨어 있다. 일본의 시인 후지와라노 사다이에藤原定家가 쓴 일기『메이게쓰기明月記』에는 "객성이 천관성에 나타났다. 크기는 세성과 같으니"라는 구절이 있다. 객성客星이란 눈에 잘 띄지 않는 별을 뜻하고, 천관성天官星은 중국의 별자리 이름 중 하나로, 요즘 말로 하면 황소자리 제타 부근을 가리킨다. 세성歲星은 목성木星의 다른 이름인데, 이 문장을 해석하면 '잘 보이지 않는 새로운 별이 황소자리 제타 부근에 머물며 목성처럼 빛나고 있다'라는 뜻이다. 이때는 고레이제이後冷泉 일왕 시절인 덴기天喜 2년, 즉 서기 1054년이다. 글에서 천체가 나타난 장소와 연도가 게 성운과 일치한다는 사실은 단순한 우연이 아닐 것이다. 갑자기 나타난 밝은 별이 지금 이 순간에도 여전히 팽창 중인 가스 구름의 시작이라고 추정하는 것은 지극히 자연스럽다.

우주 공간에는 별안간 새로운 별이 빛을 내뿜을 때가 있다. 1936년 6월, 일본 나가노長野현縣 스와諏訪시市의 아마추어 천문학자 고미 가즈아키五味一明는 개기일식을 관측하러 홋카이도北海道에 갔다가 우연히 도마뱀자리에 위치한 새로운 별을 발견했다. 고미 가즈아키는 이 발견으로 미국의 태평양천문학회로부터 발견상 금메달을 수상했는데, 이처럼 매년 새로운 별들이 종종 모습을 드러내고는 한다.

그런데 현재의 게 성운 자리에서 1054년에 발견된 별은 매년 관측되는 새로운 별들과 규모 면에서 엄청난 차이가 난다. 일반적인 새로운 별, 즉 신성은 가장 밝아졌을 때 실제 광도가 태양의 수만 배 정도다. 하지만 1054년에 나타난 별은 겉으로 드러난 밝기와 3,000광년이라는 거리를

바탕으로 추정해보았을 때 실제 광도가 태양의 수억 배에
달했다. 어두웠다가 어느 순간 태양보다 수만 배 밝은 빛
을 내뿜는 신성도 지구상에서는 도저히 상상하기 힘든 현
상이다. 하물며 순식간에 태양의 수억 배 밝기로 빛을 발
한다는 것은 경이로움 그 자체다. 이렇게 남달리 밝아지
는 별을 다른 평범한 신성과 구별하여 초신성超新星이라고
부른다. 게 성운은 초신성이 등장하며 분출된 가스 구름
이 지금도 초속 일천수백 ㎞의 속도로 팽창하고 있는 현실
을 보여주는 것이다. 신성이나 초신성이 어떤 이유로 생
기는지는 아직 명확하게 밝혀지지 않았지만, 어쩌면 초신
성은 별의 생애 마지막을 화려하게 장식하기 위한 극적인
연출이 아닐까 상상해본다.

전파 별과 게 성운

앞에서 설명했듯이 전파 별 1호는 백조자리에서 발견된
백조자리 A다. 전파 별 2호는 카시오페아자리에서 발견
되었고, 전파 별 3호는 황소자리에서 발견되어 황소자리
A라는 이름을 붙였다. 이 황소자리 A라는 전파 별이 바로

우리가 알고 있는 게 성운이다.

백조자리 A가 지구로부터 2억 광년 떨어진 곳에서 발생한 두 성운이 충돌한 것이자 은하계 밖에 존재하는 전파 별 중 하나라면, 황소자리 A는 우리 은하 안에 있는 전형적인 전파 별이다. 다행히 게 성운은 초신성의 폭발로 생성됐고 거리와 크기가 얼마나 되는지도 밝혀졌다. 은하 내부에 있는 전파 별의 수수께끼를 풀기 위해서는 최적의 천체가 필요하다.

게 성운 전체의 빛을 모아도 그 빛의 세기는 9등성과 비슷한 정도다. 그런데 게 성운은 우주 전체에서 세 번째로 강한 전파 별이다. 빛이 약한 게 성운이 어째서 이토록 강렬한 전파를 내뿜는 걸까? 게 성운은 일반적인 가스 구름과 달리 초신성의 폭발로 생겨나 지금도 초속 일천수백 km의 빠른 속도로 팽창하고 있다. 게 성운은 어떠한 메커니즘으로 전파를 발산하고 있는 것일까?

러시아의 천문학자 이오시프 시클롭스키Iosif Shklovsky가 그 궁금증을 해결했다. 그의 연구에 따르면 게 성운의 빛과 전파는 우주를 떠도는 광선, 짧게 말해 우주 광선처럼 아주 커다란 에너지를 지닌 전자가 자기장이 존재하는 곳을 지날 때 발산하는 것이다. 약 10억 전자볼트$_{eV}$를 지닌 전자가 전파를 발산하고, 그보다 1,000배의 에너지를 갖고 있는 전자가 빛을 발산한다. 빛과 전파의 세기는 각각 에너지를 보유한 전자가 얼마나 많고 적은지에 달렸기 때문에 빛이 약하지만 전파가 강한 경우도 당연히 존재한다.

이 시클롭스키의 가설이 인정받은 것은 다음과 같은 사실이 발견된 이후다. 자기장이 존재하면 전자는 자기장의 영향으로 나선운동을 한다. 마치 가속 상태의 입자가 사이클로트론(고주파 전극과 자기장으로 입자를 나선형으로 가속시키는 입자가속기-역자 주) 내부를 회전하는 것과 유사하다. 만약 전자의 에너지가 엄청나게 큰 반면에 자기장이 약하다면, 전자가 나선운동을 할 때 그 나선의 모양은 반경이 매우 큰 원을 늘린 듯한 형태일 것이다. 전자는 그 커다란 원의 둘레를 따라 돌게 되고, 에너지에 따라 빛이 전파를 발산한다. 그러나 원의 둘레가 너무 클 경우에는 전자가 빛을 내뿜는 동안 이동하는 거리가 원의 둘레의 극히 일부분이기 때문에 거의 직선에 가깝다. 그러면 발생하는 빛의 진동 역시 그 자기장으로 정해지는 어느 일정 방향에 한정될 수

밖에 없다.

게 성운의 빛을 분석하자 빛의 진동 방향이 한쪽 방향으로 치우쳐 있다는 사실이 밝혀졌다. 그러므로 적어도 게 성운의 빛은 위와 같은 메커니즘으로 발생했다고 설명할 수 있다. 전파도 역시 한쪽 방향으로 치우쳐 있을 가능성이 높지만 아직까지 검증되지 않았다. 그러나 관측이 워낙 어렵기 때문에 검증이 늦어지고 있을 뿐, 그 가설을 부정하는 것은 아니다. 게 성운에 우주 광선과 유사한 에너지를 보유한 전자가 존재한다는 사실만큼은 분명하다.

이 사실은 전파 별인 황소자리 A의 수수께끼를 풀어줄 뿐만 아니라 지구를 향해 밤낮으로 쏟아지는 우주 광선의 근원이 무엇인지, 그 비밀을 파헤쳐줄 열쇠가 될 것이다. 우주 광선은 태양에 아주 강력한 폭발이 있을 때 증가하기 때문에 이때는 태양에서 광선이 나온다고 생각되지만, 평소에 빗발치는 우주 광선은 태양보다 훨씬 먼 방향에 그 근원이 존재한다. 물론 그곳이 어디인지는 아직 확실하지 않다. 어떤 학자는 별과 별 사이의 공간에 우주 광선의 근원이 존재한다고 주장하기도 한다. 그러나 게 성운에 우주 광선과 유사한 에너지를 보유한 전자가 반드시 존재한다는 사실은 우주 광선 그 자체이자 강력한 에너지, 즉 원자핵이 그곳에 함께 존재함을 추측하게 한다. 게 성운이 우리가 관측한 모든 우주 광선의 근원은 아니겠지만, 우주 광선의 근원 중 하나라고 믿는 데는 무리가 없다. 조금 더 상상력을 발휘해보면, 초신성의 폭발 역시 우주 광선을 발생시킨 근원 중 하나이지 않을까? 전파 별과 우주 광선은 바로 이 지점에서 밀접한 연관성이 있다.

4. 오리온자리

사냥꾼 오리온

오리온이라는 이름은 스포츠 구단, 영화관, 그리고 다양한 상품명에 사용되고 있어서 우리에게 매우 친숙하다.

오리온자리는 '세 개의 별'로 유명하다. 겨울밤, 이 세 개의 이등성이 1° 반이라는 거의 균일한 간격을 두고 일직선으로 늘어선 채 동쪽 하늘에 수직으로 떠오르면 '아, 올해도 겨울이 왔구나!' 하고 생각하게 된다. 초여름 저녁에는 살짝 비스듬히 누워 하늘 한가운데를 장식하고, 여름이

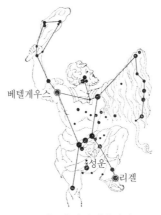

베텔게우스

성운

리겔

[그림 3] 오리온자리

끝나갈 무렵의 밤에는 완전히 누워서 서쪽 하늘에 떠오른
다.

그리스 신화에 의하면 오리온은 사냥꾼이었다. 미친 듯
이 달려드는 수소에게 방패를 들이밀고 칼을 뽑아 맞서
고 있는 용감한 사냥꾼이다. 세 개의 별은 사냥꾼의 허리
띠, 세 개의 별을 둘러싼 네 개의 밝은 별은 어깨, 팔, 다리
를 표현하고 있다. 또한 세 개의 별로 이루어진 허리띠 아
래로는 짧은 칼집이 내려와 있다. 동쪽 하늘에 떠오를 때
는 이 형태를 연상하기 어렵지만, 하늘 한가운데에 위치할

무렵에는 오리온의 용맹한 모습이 또렷하게 보인다. 어느 신화에 의하면 오리온은 전갈에 찔려 죽었다고 한다. 그리고 그 전갈은 여름날 해 질 녘에 남쪽 하늘을 장식하는 전갈자리가 되었다고 전해진다. 그래서 전갈자리가 사라지면 오리온자리가 떠오르고, 오리온자리가 사라지면 전갈자리가 떠오르는 것이다. 오리온에게 덤벼들고 있는 수소는 '묘성'을 이루는 별들이 포함된 수소자리이고, 오리온자리 아래쪽에는 밝은 별 시리우스가 속한 큰개자리와 프로시온이 속한 작은개자리가 떠오른다.

　맨눈으로 보는 오리온자리의 화려함도 그야말로 별 하늘의 왕자답지만, 망원경으로 관측할 때는 더없이 다채로운 모습을 확인할 수 있다. 세 개의 별이 오리온의 허리띠라고 할 때, 그 밑에 매달려 있는 칼집을 이루는 세 개의 작은 별이 있는데, 그중에 가운데 별이 오리온 대성운이라고 불리는 가스 덩어리다. 또한 오리온자리에는 말의 머리를 꼭 닮은 암흑성운도 있다. 이들 가스성운과 암흑성운의 아름다운 모습을 사진으로 본 사람도 많을 테지만, 오리온자리의 별들이 유명해진 이유는 이 성운들의 흩날리는 별들 때문이다.

흩날리는 별들

하나의 별자리 안에 보이는 별들은 사실 우리에게 우연히 같은 방향으로 보이는 것뿐이다. 그중에 어떤 별은 가깝고, 어떤 별은 멀리 떨어져 있다. 그러나 오리온자리 안에서 맨눈으로 볼 수 있는 대부분의 별들은 공간적으로도 서로 가까운 곳에 모여 있다. 게다가 이 별들은 어느 한 점에서 사방팔방으로 흩날리는 듯한 운동을 하고 있음이 밝혀졌다.

별의 거리를 관측하는 방법은 백조자리 61을 예로 들어 이미 설명했다. 그렇다면 별의 운동은 어떻게 알 수 있을까? 거기에는 두 가지 방법이 있다.

첫 번째는 겉보기에 별의 위치가 얼마나 바뀌는지 측정하는 방법이다. 오랜 시간에 걸쳐 촬영한 사진을 비교해 이동 거리를 재거나, 혹은 망원경으로 직접 관측해 기준으로 삼은 먼 곳의 별과 위치 차이가 얼마나 나는지 장기간에 걸쳐 측정한다. 위치가 달라지는 이유는 단순히 별의 운동 때문만이 아니다. 우리 태양계도 움직이고 있기 때문에 그 운동이 반영되면 별이 전혀 움직이지 않아도 겉보기에 움직이는 것처럼 보인다. 이 사실을 고려해 계산하면 별 자체의 운동을 알아낼 수 있다.

그러나 이 방법으로 알 수 있는 별의 운동은 지구에서 바라볼 때 측면으로 이동하는 운동뿐이다. 만약 어떤 별이 지구를 향해 수직으로 다가온다면 겉보기에는 별의 위치가 전혀 달라지지 않기 때문이다.

두 번째는 별이 지구에 가까워지거나 멀어지는 속도를 비교하는 방법이다. 이 방법은 별이 가까워지면 그 별빛이 스펙트럼의 보라색 쪽에 가까워지고, 별이 멀어지면 반대로 붉은색 쪽에 가까워진다는 원리를 바탕으로 한다. 이에 대하여 러시아에서 태어난 미국의 이론물리학자 조지 가모프George Gamow는 다음과 같이 설명했다.

어떤 사람이 먼 길을 떠났다. 그는 출발하기 전에 여행지에서 매일 집으로 편지를 보내겠다고 약속했다. 실제로 그는 매일같이 편지를 써서 보내왔는데, 그의 여행지가 멀어질수록 편지가 집에 도착하는 간격이 조금씩 길어졌다. 머지않아 그는 최종 목적지에 다다랐고, 이제는 집을 향해 돌아오기 시작했다. 그러자 이번에는 편지가 집에 도착하는 간격이 짧아지기 시작했다. 빛은 진동이다. 그 하나하나의 파장을 편지 보내는 것에 비유하면, 집에서 편지를 받는 간격은 우리가 바라보는 빛의 진동 간격인 셈이다. 그가 먼 곳으로 이동할 때 편지를 받아보는 간격이 길어지는 것은 우리가 바라보는 빛의 파장이 길어진다는 것과 같다. 달리 말하면 스펙트럼 안에서 빛이 진동수가 짧은 붉은색 쪽으로 치우친다는 의미다. 별이 내뿜는 빛 안에는 특정한 원자에 의해 저마다 파장이 정해져 있는 검은 줄무늬가 있다. 그 파장이 지상의 실험실에서 관측된 수치와 근소하게 차이가 날 때, 그 별이 지구로부터 멀어지거나 가까워지는 속도를 알 수 있다.

별의 실제 운동은 이 두 가지 방법을 조합했을 때 비로소 확실해진다. 바꿔 말하면, 별의 운동을 측정할 때는 별과 지구를 연결한 방향의 성분과 그와 직각을 이루는 면의 성분으로 나눠야 한다는 의미다.

오리온자리의 수많은 별들이 한 점에서 흩뿌려져 흩날리는 듯한 운동을 하고 있다는 사실은 이러한 별의 운동을 측정함으로써 확인할 수 있다. 그리고 이 현상은 청백색 별에만 한정된다.

한 점에서 흩뿌려지는 듯한 별들의 무리는 오리온자리에만 존재하는 것이 아니다. 예를 들어 가을 밤하늘을 장

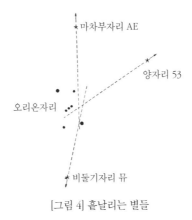

[그림 4] 흩날리는 별들

식하는 페르세우스자리에도 이러한 별들이 있다. 만약 별들이 한 점에서 흩뿌려지는 것처럼 보인다면, 거꾸로 지금으로부터 몇 년 전에는 이 별들이 한 점이었다고 말할 수 있어야 한다. 실제로 계산해보니 오리온자리의 별 무리는 지금으로부터 250만 년 전에, 그리고 페르세우스자리의 별 무리는 지금으로부터 약 100만 년 전에 각각 하나의 점이었다고 한다. 오리온자리의 별 무리에는 한참 멀리 떨어져 있는 비둘기자리와 마차부자리, 그리고 양자리까지 흩날리고 있는 별들이 있는데, 이 별들은 지금도 매초 100㎞의 속도로 우주 공간을 이동하고 있다. 이 별들의 운동을 거꾸로 되돌리면 오리온자리에서 만나게 되는데, 그 사실은 그림 4에 보이는 그대로다.

이처럼 별들이 흩날리는 현상은 무엇을 의미할까? 그것은 지금으로부터 250만 년 전, 그리고 100만 년 전에 각각의 점에서 어떠한 사건이 발생하여 그때부터 별들이 사방팔방으로 일제히 흩어지고 말았다는 의미가 된다.

묘성의 별들도 그러했듯이 청백색 별은 태어난 지 얼마 안 된 별이다. 적어도 우주의 나이에 비하면 틀림없이 나이가 어린 별이다. 따라서 우주가 처음 생겨났을 때 태어난 별이 어느 순간 갑자기 사방으로 흩어진 것이 아니라, 어떠한 사건이 발생하여 그 때문에 가스가 뿜어져 나오고, 그 가스 때문에 별들이 생겨났다고 보는 편이 조금 더 설득력이 있다. 묘성의 별들은 공간적으로 하나의 집단을 이루고 있지만, 그 집단은 흩날리는 듯한 격렬한 운동은 하지 않는다. 그러나 묘성과 같은 집단도, 오리온자리와 같은 흩날리는 별 무리도, 저마다 속해 있는 별들이 동시에 생겨났다는 사실만큼은 동일하다. 그리고 우주의 나이에 비해 지극히 근래에 생겨났다는 점에서는 오리온자리의 별 무리 쪽이 훨씬 뚜렷한 특징을 보인다. 이처럼 우리는 오리온자리를 통해 우주의 모습이 변화하고 있다는 사실을 분명하게 확인할 수 있다.

미지근한 전열기

오리온자리의 세 별이 나란히 늘어서 동쪽 하늘에 떠오를 때, 세 개의 별 중에 오른쪽에 보이는 밝은 별이 리겔이다. 리겔은 '왼쪽 다리'라는 의미이고 베텔게우스는 '겨드랑이'라는 의미인데, 두 별의 색 차이는 분명하다. 세 개의 별을 이어서 아래로 쭉 늘린 곳에는 우주 전체에서 가장 밝은 빛을 자랑하는 큰개자리의 시리우스가 보인다. 시리우스 역시 리겔처럼 청백색의 별이다. 조금 더 자세히 설명하자면 별의 색에는 미세한 차이가 있다. 그리고 별의 미세한 색 차이는 별의 생태를 연구하는 중요한 열쇠가 된다.

우리는 제2차 세계대전 직후 전기가 모자라던 시절에 도무지 따뜻해지지 않는 전열기를 경험했다. 저녁 무렵, 흔히 말하는 전력 피크 시간에는 전열기가 전혀 붉어지지 않았다. 약간은 붉은 기운이 감돌았지만 검은색 그대로라고 말하는 편이 나을 정도로 전혀 뜨거워지지 않아 취사 용도로 도저히 사용할 수 없었다. 한밤중 모두 잠들어 고요해질 무렵에야 전압이 상승하여 그제야 전열기가 흰색을 지나 처음으로 열을 발산하기 시작했다. 전열기의 색과 온도 사이에는 이처럼 밀접한 관련이 있다.

별의 색도 마찬가지다. 붉은 별은 온도가 낮고, 청백색 별은 온도가 높다. 태양을 멀리서 바라보면 리겔, 시리우스, 베텔게우스의 중간 정도인 노란 빛의 별로 보인다. 노란색이라고 하니 온도가 낮아 보이지만, 모두가 알다시피 태양은 지구상의 그 무엇보다 훨씬 고온이다. 베텔게우스의 온도가 3,500℃, 태양이 6,000℃, 리겔과 시리우스는 1만 ℃ 이상에 달한다.

전열기의 경험을 다시 한 번 떠올려보자. 전압이 낮을 때, 즉 전열기의 온도가 낮을 때는 빛이 어둡고 전압이 높아서 온도가 높을 때는 빛이 밝다. 전열기의 밝기로 책을 읽을 사람은 없겠지만, 전압이 낮을 때의 전열기를 여러 개 모아야 비로소 전압이 높을 때의 전열기와 비슷한 밝기가 된다. 바꿔 말하면 온도가 낮은 별은 넓은 면적을 보유해야 온도가 높은 별과 동일한 밝기를 획득한다는 의미다.

시리우스와 베텔게우스는 바로 이 예시에 딱 들어맞는다. 눈으로 보면 둘 다 1등성, 더 정확하게는 각각 -1.6등성과 0.1등성이다. 거리 차이를 고려하면 베텔게우스가 시리우스보다 약 200배 밝다. 그런데 이 두 별은 온도에서 현격한 차이가 난다. 만약 두 별이 같은 크기라면, 베텔게우스가 반대로 천수백 배는 어두워야 한다. 즉, 베텔게우스는 시리우스에 비해 훨씬 큰 별이어야 한다.

행성을 제외하면 별의 크기를 직접 측정하기란 불가능하다. 세계 최대 망원경을 사용하여 배율을 아무리 높여도 별은 그저 점으로만 보일 뿐이다. 그만큼 별은 지구로부터 아주 멀리 떨어져 있다. 그러나 가까우면서 큰 별이라면 크기를 측정할 수 있는 특별한 방법이 있다. 지금까지 이 방법으로 크기를 측정하는 데 성공한 별은 손에 꼽힐 정도로 얼마 안 되지만, 베텔게우스는 그중 하나에 속한다. 베텔게우스의 반지름이 태양보다 약 1,000배 길다고 말하는 것보다 지구가 태양 주위를 도는 궤도와 지구보다 더 바깥쪽을 도는 화성의 궤도가 베텔게우스의 크기보다 훨씬 작다고 말하는 편이 훨씬 와 닿을 것이다. 이처럼 베텔게우스는 엄청나게 큰 별이다. 이러한 별들을 우리는 거성巨星이라고 부른다.

베텔게우스는 지구로부터 한참 떨어져 있지만 워낙 크기가 큰 덕분에 반지름을 측정할 수 있었다. 그래서 더 작은 별, 혹은 훨씬 멀리 떨어져 있는 별은 반지름을 측정할 방도가 없다고 여겨왔다. 그러나 별의 크기는 계산으로 얼마든지 구할 수 있다. 시리우스와 베텔게우스의 크기를 비교했을 때처럼 별의 실제 밝기와 별의 색깔을 안다면 이론적으로 계산이 가능하다. 이렇게 계산해보면 시리우스는 태양 반지름의 1.8배, 작은개자리의 프로시온은 태양 반지름의 1.7배임을 알 수 있다. 직녀성이나 견우성도 이 정도 크기이므로 둘 다 태양과 큰 차이가 없다. 리겔은 워낙 멀리 떨어져 있는 별이라서 정확하게 알 수 없지만, 아마도 태양보다 50~60배 정도 클 것이다. 리겔이나 베텔게우스와 같은 거성은 오히려 예외인 것이다.

숨 쉬는 별

거성 베텔게우스의 밝기는 0.1등성이고, 반지름은 태양의 약 1,000배 정도다. 그러나 이 거대한 별은 약 5년 8개월을 주기로 빛의 세기가 0.1등성과 1.2등성 사이에서 변화한다. 베텔게우스자리에 있는 악마의 별 알골이 빛의 세기가 달라지는 별이라는 사실은 앞에서 이미 소개했다. 알골의 변화는 공전하는 두 개의 별이 교차하며 서로 숨바꼭질을 하기 때문에 발생한다. 그러나 베텔게우스의 변화는 원인이 전혀 다르다. 별 자체가 밝아졌다가 어두워졌다가 하는 것이기 때문이다. 빛이 변화하는 별, 즉 변광성變光星에는 알골처럼 별 스스로 빛의 세기가 변하는 것이 아니라 그저 별들이 서로 가려지면서 빛이 변하는 듯 보이는 별과 베텔게우스처럼 스스로 빛이 변하는 별이 있다.

베텔게우스의 빛이 변하는 원인은 별이 커졌다가 작아졌다가 하기 때문이다. 앞에서 소개했듯 태양 반지름의 1,000배에 달하는 베텔게우스의 크기는 별이 가장 커졌을 때 측정한 것이고, 가장 작아졌을 때는 태양의 700배 정도로 측정된다. 다시 말해 별이 마치 숨을 쉬는 것처럼 팽창과 수축을 반복한다는 사실을 분명히 알 수 있다.

이처럼 숨을 쉬듯, 또는 맥박이 뛰듯 팽창했다가 수축했다가 하는 별을 맥동성脈動星이라고 부른다. 베텔게우스는 그중 하나인데, 베텔게우스보다 더 전형적인 맥동성이면서 훨씬 중요한 역할을 하는 별이 있다. 바로 세페우스자리 델타와 거문고자리 RR이다.

세페우스자리 델타는 5.366일을 주기로 규칙적인 맥동 현상을 보이고, 거문고자리 RR는 더 짧은 0.567일을 주기로 맥동 현상을 보인다. 이 별들은 우주의 크기를 측정하는 중요한 척도가 되니 꼭 기억해두기 바란다.

II. 모든 별은 태양이다

1. 가스 덩어리, 태양

빛과 열

밤하늘에 빛나는 별은 극히 소수의 행성을 제외하면 모두 태양과 같은 거대한 가스 덩어리다. 만약 태양을 별들이 떨어져 있는 거리만큼 옮겨다 놓을 수 있다면, 그곳에서 태양은 눈에 띌 만큼 밝게 빛나는 별이 더 이상 아닐 것이다. 태양에 비해 직녀성은 8배, 견우성은 48배, 시리우스는 23배 밝은 빛을 발산하고, 오리온자리의 리겔은 무려 수만 배나 밝은 빛을 내뿜기 때문이다. 그러나 다른 한편으로는 태양보다 어두운 별도 수두룩하기 때문에 태양의 밝기는 우주 전체의 별들 사이에서 중간 정도에 해당할 것이다.

하지만 지구는 태양의 주위를 도는 행성 중 하나이고, 지구에 살고 있는 모든 생물은 태양의 열과 빛에 의해 생존한다. 태양은 수많은 별들 중 하나일 뿐이지만, 우리에게는 둘도 없는 소중한 존재다. 태양이 적당한 열을 전해주기 때문에 지구상의 생물이 살아갈 수 있다. 지구의 평균 온도를 10℃라고 가정해보자. 만약 평균 온도가 100℃

를 넘으면 물이 모두 증발해버려 생명의 위협을 받게 된
다. 10℃가 100℃로 변하기 위해서는 태양의 온도가 지금
보다 10배 뜨거워져야 할까? 그렇지 않다. 학술적으로 이
야기하는 실제 물이 어는 점 0℃는 273K이기 때문에 이를
기준으로 측정하면 10℃는 절대온도로 283K이며, 100℃
는 절대온도로 373K에 해당한다. 그러므로 태양의 온도
가 약 30% 상승하면 지구상의 물이 증발하고 생명을 유지
하기 힘들어지는 것이다.

그러나 만약 먼 훗날 태양의 온도가 상승한다면, 지구의
온도가 100℃가 되기도 전에 물이 전부 사라질 것이다. 그
이유는 다음과 같다.

지구상의 물은 증발하면 수증기가 되어 상승했다가 구
름과 비가 되어 다시 지표면으로 내려온다. 수증기는 수
소와 산소가 결합되어 있는데, 분자 하나당 무게가 무겁기
때문에 아주 높은 곳까지 올라가지 못하고 도중에 식어 비
와 같은 액체로 변한 후 하강한다. 만약 수증기에서 수소
만 떼어낼 수 있다면, 수소는 워낙 가볍기 때문에 끝없이
상승하여 결국에는 지구 인력의 지배 범위를 벗어나 우주
공간으로 사라져갈 것이다. 수증기에 태양의 강력한 자외

선을 비추면 수증기가 수소와 산소로 분해되고, 수소는 앞에서 말했듯 우주 공간으로 사라져갈 것이 분명하다. 지구에서 이러한 일이 벌어지지 않는 이유는 수증기가 상승하는 높이보다 더 위에는 산소와 질소만 존재하며, 이 산소와 질소가 태양의 자외선을 차단해주기 때문이다. 만약 지구의 온도가 상승하여 수증기가 더 높은 곳까지 올라가 산소와 질소가 있는 위치에 도달한다면, 수증기는 위험한 태양 자외선에 직접적으로 노출되어 산소와 수소로 분해되고 말 것이다. 그 후 수소는 지구로부터 점점 멀어질 테고, 결국 지구상의 물이 사라지게 될 것이다.

지구보다 태양에 근접한 행성들은 이러한 일이 실제로 발생할 가능성이 높다. 태양계에서 지구보다 바로 안쪽에 위치한 금성은 어쩌면 이러한 이유로 물을 잃었는지 모른다. 금성보다 더 안쪽에 있는 수성은 별 자체의 인력도 약하고, 또 태양과 가까워 온도가 높기 때문에 공기를 모두 잃고 말았다.

태양이 지구에 전달하는 열의 양은 엄청나다. 측정 결과에 따르면 태양과 수직을 이루는 지표면 1㎠당 매분 2㎈의 열량이라고 한다. 여기에 태양을 향하고 있는 지구의 면적을 대입하면 1분 동안 1억 ㎉의 약 1,000만 배에 달하는 열량이며, 이는 석탄 1톤 이상의 열량에 해당한다. 다시 한 번 강조하지만, 태양이 지구를 향해 내리쬐는 열은 상당하다. 그러나 지구가 받고 있는 열의 양은 태양이 사방으로 내뿜는 열의 총량의 25억분의 1에 불과하다. 태양이 발산하는 열의 총량은 그만큼 막대하다. 그리고 태양열은 모두 원자력으로 이루어져 있다. 즉, 태양은 거대한 원자력기관이며 지구는 원자력에 의해 데워지고 있는 셈이다.

태양의 활동

태양에서 전해져오는 열이 몇 배만 증가해도 지구 위의 생명체는 위험에 빠지고 만다. 별 중에는 베텔게우스처럼 맥동 현상을 반복하며 빛의 밝기가 끊임없이 변화하는 별도 있다. 우리는 태양이 베텔게우스처럼 빛이 변화하는 별이 아닌 것을 다행스럽게 여겨야 한다. 그러나 자세히 관찰해보면 태양도 조금씩은 변화하고 있다. 흑점이 바로 그 증거다.

흑점은 꽤 오래전부터 그 존재가 밝혀진 것으로 보인다. 중국인들은 예로부터 태양에 세 발 달린 까마귀가 산다고 생각했는데, 이는 육안으로 확인되는 태양의 커다란 흑점을 두고 한 말로 보인다. 그러나 실제 흑점 관측은 이탈리아의 천문학자 갈릴레오 갈릴레이Galileo Galilei가 망원경을 천체를 향해 처음 두었을 때 시작되었다.

흑점은 짧으면 1일 이내, 길면 수개월 이상 지속되지만 모두 생겨난 지 얼마 지나지 않아 사라지고 만다. 오랜 기간에 걸쳐 통계를 내보면, 흑점이 많은 시기와 적은 시기가 약 11년을 주기로 반복된다는 사실을 알 수 있다. 흑점이 많을 때는 태양의 활동이 격렬하고, 태양 면에 폭발이 수차례 일어나 그때마다 델린저Dellinger 현상(태양 면의 폭발로 급격히 발생하는 단파 통신 장애-역자 주)이나 지자기 폭풍이 발생한다. 그러므로 태양은 11년이라는 주기를 두고 변화하는 별인 셈이다. 그러나 태양 전체에서 발산하는 빛의 밝기를 측정했을 때는 11년 동안 변화하는 빛의 양이 가늠하기 힘들 만큼 매우 적다. 그래서 우리가 먼 곳에서 태양을 별로 관측한다면, 태양이 11년을 주기로 활동을 반복한다는 사실은 알아채기 힘들었을 것이다. 거꾸로 생각하면, 우리가 보았을 때 빛의 세기가 전혀 변하지 않는다고 생각되는 별에도 태양과 같은 활동 주기가 있을 수 있으며, 지금 이 순간에도 흑점과 같은 현상이나 폭발, 홍염(태양 표면에 발생하는 불길 형태의 가스-역자 주)이 나타나고 있을 수 있다. 오히려 태양은 평범한 별에 속하기 때문에 우주에는 더욱 큰 규모의 흑점과 폭발을 보이는 별이 분명히 존재할 것이다.

다른 별에도 미처 관측하지 못한 활동 주기가 있는지 없는지는 별개로, 태양 면의 폭발보다 더욱 대규모의 폭발이 일어나고 있는 별은 실제로 관측되고 있다. 태양에서 4.3광년 떨어져 있는 아주 가까운 별 중 하나다. 북반구에 사는 우리에게는 보이지 않는 별이지만, 남반구의 별자리 켄타우로스자리에는 0.3등성, 1.7등성, 11등성의 세 별로 이루어진 삼연성이 있다. 앞의 두 별은 맨눈으로는 분리되어 보이지 않아 켄타우로스자리 알파라고 합쳐 불리지만, 세 번째 별인 11등성이 때때로 밝아진다는 사실이 밝혀졌다. 며칠마다 밝아진다는 정해진 주기 없이 돌발적으로 수십 분씩 밝아지는데, 아마도 이때 태양 면 폭발보다 대규모의 폭발이 이루어지는 것이 아닐까 추측하고 있다.

그리고 이러한 별은 이미 10개 이상 발견되었다.

태양 이외의 별에도 흑점이 정말 존재할까? 이와 관련된 재미있는 이야기가 있다.

별 중에는 매우 강한 자기장을 보유한 별들이 있는데, 그 대부분은 자기장의 방향을 살펴보았을 때 N극과 S극이 주기적으로 바뀌는 것처럼 보인다. 그 별에는 아주 큰 흑점이 있는데 별의 꽤 넓은 면적을 차지하고 있어서 별이 자전함에 따라 흑점의 다른 부분이 지구를 향해 교대로 보이기 때문이라고 원인을 추정하고 있다. 사실 이 의견은 아직 가설 단계를 벗어나지 못했다. 그러나 의견을 뒷받침하는 다른 사실들도 존재하며, 특히 태양에서 관측되는 흑점을 별에 응용했다는 점에서 매우 흥미로운 발상이다.

흑점과 폭발을 증거로 내세웠지만, 태양 연구를 별의 세계에 응용하는 것은 여기에서 멈추지 않는다. 태양은 표면의 모양을 직접 볼 수 있는 유일한 별이고, 그 강력한 빛을 이용하여 아주 세밀한 연구가 가능한 하나뿐인 천체이기도 하다. 태양에서 벌어진 사소한 사건들은 지구에 커다란 영향을 미친다. 그러나 다른 별들, 나아가서는 우주 전체의 비밀을 파헤친다는 의미에서도 태양은 더없이 소

중한 별이다. 태양의 연구는 대우주를 향한 출발점이라고
해도 전혀 지나치지 않다.

가스 덩어리

태양의 흑점은 흔히 지상의 태풍에 비유하며, 태양 면의
폭발을 이야기할 때는 화산의 분화를 떠올린다. 그러한
발상은 태양에도 지구처럼 단단한 지면이 존재하리라는
착각이 영향을 미친 듯하다. 태양은 사실 중심부부터 바
깥쪽까지 전부 가스로 이루어져 있지만, 우리 마음속에는
도무지 와 닿지 않기 때문이다. 태양의 중심은 곤죽처럼
질척할 것 같다거나, 태양에 저렇게 선명한 테두리가 보이
는 이유는 표면이 단단하기 때문이라거나, 혹은 태양이 전
부 가스라면 벌써 어딘가로 흩어졌을 거라고 생각하는 사
람이 많다.

태양이 가스로 이루어져 있다면 어째서 사방으로 흩어
지지 않는지, 그 이유부터 알아보자. 진공 상태의 공간에
한 줌의 가스를 주입하면 금세 흩어져버리는 탓에 결코 가
스 덩어리 형태로 머물러 있지 않다. 태양의 주위 역시

진공 상태다. 그렇다면 두 공간의 다른 점은 무엇일까? 그 차이는 태양은 질량이 크다는 데 있다. 가스는 제멋대로 이 방향, 저 방향으로 흩어지는 성질이 있다. 그러나 중심에 강한 인력이 있으면 가운데로 끌어당겨지기 때문에 결국은 인력의 영향권 밖으로 멀어지지 못한다. 태양의 경우에도 태양의 가스 전체가 자체적으로 서로 흩어져버리는 것을 막으며 구와 같은 덩어리 형태를 이루고 있다.

태양의 가스 덩어리를 떠올릴 때 안쪽은 밀도가 높고 바깥쪽으로 갈수록 밀도가 낮으며, 또 안쪽으로 갈수록 온도가 높고 바깥쪽으로 갈수록 온도가 낮다고 상상하는 것은 어렵지 않다. 이처럼 경계가 불분명한 가스 덩어리라면, 어째서 선명한 테두리가 보이는 걸까? 또한 지금까지도 '태양 면'이라고 부르며 마치 태양의 표면이 존재하는 것처럼 말해온 이유는 무엇일까?

날씨가 맑은 날에는 먼 곳에 있는 산이 잘 보이지만, 안개가 낀 날에는 가까운 곳의 경치밖에 보이지 않는 경험은 누구나 해봤을 것이다. 멀리까지 내다볼 수 있느냐 없느냐는 중간에 빛을 차단하는 무언가가 많고 적음에 달려 있다. 태양의 가스는 스스로 빛을 발산하고 있지만, 그와 동시에 내부로부터 오는 빛을 차단하는 역할도 한다. 그래서 우리가 태양을 바라봐도 결코 태양의 중심부까지 들여다볼 수 없으며, 실제로는 겨우 바깥쪽 부분만 보고 있을 뿐이다. 다시 말해 안쪽일수록 시야 확보가 점점 어려워져 결국에는 전혀 보이지 않는다는 한계가 있고, 또 바깥쪽에는 가스가 희박한 탓에 빛의 발산이 약해서 잘 보이지 않는다는 제한이 있다. 그래서 안쪽에서 바깥쪽으로 갈수록 희박해지는 태양의 가스 덩어리 중에서 일정 범위의 깊이만 우리 눈에 보이는 것이다. 태양 면이라고 말하지만, 지구의 표면처럼 분명한 면이 존재하는 것이 아니라 수백 ㎞에 달하는 두꺼운 가스층 전체가 태양의 표면이다. 태양의 온도가 6,000℃라고 말할 때는 이처럼 표면을 이루는 가스층의 평균 온도를 말하는 것이며, 태양 자체는 중심부가 1,000만 ℃ 이상인 데다가 바깥쪽으로 갈수록 온도가 낮아지기 때문에 우리가 보고 있는 두께 수백 ㎞의 가스층 안에서도 온도는 조금씩 달라진다. 별도 마찬가지다. 시리우스의 온도가 1만 ℃라고 하지만, 시리우스에서 눈에 보이는 부분의 평균 온도가 1만 ℃라는 의미일 뿐이다.

태양에서 눈에 보이는 유효한 층의 두께는 수백 ㎞인데,

이는 태양의 지름인 140만 km의 수천분의 1에 지나지 않는다. 게다가 가장자리에서는 비스듬히 보이기 때문에 이 층은 훨씬 얇아지고, 이 얇은 층의 범위 내에서 태양의 가장자리가 희미해지는 것이다. 태양의 테두리가 예상 외로 또렷하게 보이는 건 이런 이유 때문이다.

마지막으로 태양 중심부에 대해 더 알아보자. 태양 중심부의 밀도는 물의 약 100배로 추정되고 있다. 즉, 지상의 어떠한 금속보다 밀도가 높다는 의미다. 그런데도 가스 덩어리로 존재하는 이유는 전적으로 1,000만 ℃라는 엄청난 고온 때문이다. 온도가 높기 때문에 가스 형태가 아니면 물질이 존재할 수 없다. 그래서 태양은 바깥쪽부터 안쪽까지 전부 가스로 이루어져 있는 것이다. 태양의 내부 구조를 추정할 때도 태양이 모두 가스로 이루어져 있다는 사실 덕분에 발상이 한결 간단해졌다.

우라늄과 금

지구의 공기는 주로 질소와 산소로 이루어져 있으며, 그 밖에 미량의 아르곤, 이산화탄소, 네온, 헬륨 등을 포함하고 있다. 질소와 산소를 합치면 그 질량비가 전체의 약 99%이고, 아르곤과 이산화탄소까지 합치면 거의 100%에 가깝다. 반면 네온과 그 밖의 물질은 전부 합쳐도 0.0002% 이내에 불과하다. 그런데 태양의 대기는 대부분 수소와 헬륨이며, 그 둘을 제외한 나머지 물질은 전부 합쳐도 100분의 몇 %밖에 되지 않는다. 지구의 공기는 화학적으로 분석하여 무엇으로 구성되어 있는지 그 성분을 알아낼 수 있지만, 직접 가서 담아올 수 없는 태양 가스의 구성 성분은 도대체 어떻게 알아낸 걸까?

바로 태양의 빛을 분석하는 방식이다. 빛을 프리즘에 통과시키면 무지개의 일곱 빛깔 스펙트럼이 생기는데, 이 배열을 잘 살피면 중간중간에 검은 줄무늬가 보인다. 더욱 자세히 들여다보면 이렇게 나뉜 태양 빛 안에는 수만 가닥의 검은 줄무늬가 있다. 이 줄무늬들은 태양 표면에 매우 가까이 존재하는 원소들이 각각 고유한 빛을 흡수하기 때문에 생겨난다. 원소가 많을수록 빛을 흡수하는 양도 늘어나기 때문에 줄무늬 역시 진해진다. 이러한 원리를 바탕으로 태양 가스를 분석한 결과, 수소와 헬륨이 압도적으로 많다는 사실이 밝혀진 것이다.

오늘날과 같은 원자력 시대에는 우라늄을 빼놓고 이야기할 수 없다. 태양에도 우라늄이 존재할까? 안타깝게도 태양에 우라늄이 얼마나 존재하는지는 아직 밝혀지지 않았다. 왜냐하면 태양 가스의 성분 분석은 빛을 색으로 나눈 스펙트럼 안에 나타난 줄무늬로 추정하는데, 알맞은 줄무늬를 갖고 있지 않은 원소는 판별할 방법이 없기 때문이다. 금도 마찬가지다. 그래서 아쉽게도 태양에 금이나 우라늄이 얼마나 존재하는지 직접 알아낼 방법은 없다.

그러나 수소와 헬륨을 제외하면, 이미 태양의 스펙트럼 분석으로 판명된 원소의 상대적 분량은 지구 지각의 화학 분석으로 구한 상대적인 양과 상당 부분 일치한다. 그러므로 알맞은 줄무늬가 없다는 이유로 태양에서 조사가 어려웠던 원소라 할지라도 지구 지각의 원소 분량으로 추정하는 방법이 있다.

태양에 존재하는 금과 우라늄의 양보다 더욱 중요한 사실은, 지구와 태양은 수소와 헬륨을 제외한 다른 원소들의 구성이 거의 일치한다는 점이다. 수소와 헬륨이 태양에 많이 존재하는 이유는 지구의 인력이 약한 탓에 이러한 가벼운 가스들은 아주 오래전에 지구에서 사라져버렸기 때문으로 보인다. 지구와 태양의 성분 구성이 닮아 있다는 사실은 지구가 태양에서 생겨났거나, 혹은 지구와 태양이 어느 공통된 모체에서 탄생했다는 설을 통해 어느 정도 예상 가능하다. 얼핏 전혀 다르게만 보이는 지구와 태양이 서로 닮아 있다는 점은 어쩐지 안도감을 느끼게 한다.

수소와 헬륨을 빼놓고 생각했을 때, 운석의 화학적 성분 구성도 태양과 비슷하다. 또한 지구와 가깝고 밝게 빛나는 별은 빛을 꽤 상세히 분석할 수 있는데, 그 구성 역시 수소와 헬륨을 포함하여 태양과 유사하다. 별과 별 사이의 공간에 있는 아주 희박한 양의 가스도 측정해보면 태양을 이루는 성분과 닮아 있다. 이러한 사실을 종합하면, 원소의 구성은 태양계 내부뿐만 아니라 상당히 넓은 우주 공간에서 유사한 모습을 보이는 듯하다. 즉 우주 안의 원소들이 어떻게 생겨났는지는 별개로, 이 원소들이 우주에 뒤섞여 있다는 사실만큼은 분명하다. 추정하건대, 우주 안에서 각 원소들의 분포는 거의 비슷한 형태를 보인다고 해도 좋을 것이다.

그러나 또 다른 연구에서 어떤 종류의 별은 수소와 헬륨을 제외한 무거운 원소의 양이 태양에 비해 현격히 적다는 사실이 밝혀졌다. 이러한 연구 결과가 나온 이유가 은하계 안의 위치 탓에 원소 분포가 고르지 못해서인지, 혹은 또 다른 원인 때문인지는 쉽게 판단할 수 없는 문제다. 하지만 별이 진화해온 과정을 되짚으며 이러한 궁금증이 자연스레 해결된다면, 그 또한 흥미로운 일일 것이다.

2. 원자력기관, 태양

태양을 해부하다

　팔로마 천문대의 200인치 반사망원경은 무려 20억 광년 떨어진 우주의 모습을 찍고 있다. 그러나 우리와 가장 가까운 태양이라고 해도 표면에서 수백 ㎞ 깊이의 층을 관찰하는 것이 고작이다. 물질이라는 베일에 가려진 태양 내부는 아무리 거대한 망원경이 있어도 엿보기 힘든 심오한 세계다. 그래도 우리는 태양 중심의 온도가 대략 100만~300만 ℃, 밀도는 물의 100배 정도로 추측하고 있다. 또한 태양 중심으로부터 몇만 ㎞ 바깥쪽의 온도와 밀도에 대해서도 대략적인 수치를 말할 수 있다. 도대체 우리는 눈에 보이지 않는 태양의 내부를 어떻게 추정하는 걸까?

이 책에서는 그 추론 방법에 대해서 자세히 서술하지 않을 예정이다. 다만 그토록 질량이 큰 가스 덩어리가 엄청나게 밝은 빛을 내뿜으며 저만 한 지름을 유지하고 있다는 그 조화로움이 태양의 구조를 결정짓는다는 사실에 주목해주기 바란다.

태양과 별의 내부 구조에 대한 연구는 1925년 무렵, 영국의 천문학자 아서 에딩턴Arthur Stanley Eddington에 의해 집대성되었다. 그는 가스 덩어리인 태양의 내부를 훌륭히 파헤쳤을 뿐만 아니라 질량이 큰 별일수록 밝다는 경험 법칙을 설명했고, 맥동 현상을 보이는 변광성의 이론까지 수립했다. 그러나 에딩턴이 살아 있던 시대에는 별의 에너지가 방출되는 근원이 어디인지 정확하게 알지 못했다. 따라서 그가 주장한 태양의 내부 구조는 대체적으로 옳았지만, 구체적인 수치에서 상당한 오차가 발생한 것은 어쩔 수 없었다. 태양의 내부 구조가 확실해진 것은 1938~1939년 무렵, 원자핵반응으로 태양과 별의 에너지가 생성됐다는 독일의 물리학자 카를프리드리히 폰 바이츠제커Carl-Friedrich von Weizsäcker와 미국의 물리학자 한스 베테Hans Albrecht Bethe의 발견 이후라고 봐야 한다. 다시 말해 태양과 별이 우주의 원자력기관이라는 신선한 발견이 태양의 내부 구조를 명확히 밝혀냈으며, 그와 동시에 별의 진화론에도 새로운 등불을 밝힌 셈이다.

열핵 반응

원자력 문제로 매일같이 신문 지면이 떠들썩한 오늘날, 원소가 변환하며 에너지가 발생한다는 사실은 어느덧 우리의 상식이 되었다. 앞에서 이미 이야기했듯 태양 역시 원자력기관이다. 20세기 중반 이후부터 실용화에 성공한 원자력발전소는 전 세계 수많은 나라들이 건설하기 시작했다. 그렇다면 지상의 원자력발전소와 태양의 원자력기관은 어떻게 다를까?

현재 지상에 건설되어 있는 원자력발전소는 우라늄의 분열을 이용한다. 우라늄에 중성자를 쏘면 둘로 분열되어 새로운 원소로 바뀌는데, 이때 막대한 에너지가 발생하면서 두 개 이상의 중성자가 튀어나온다. 그 각각의 중성자가 다음 우라늄과 충돌하면 우라늄을 분열시켜 에너지가 발생하고, 그와 함께 또다시 중성자가 두 개씩 생겨난다. 두 개가 네 개, 네 개가 여덟 개⋯ 이렇게 중성자가 기하급수적으로 늘어나고, 그에 비례하여 엄청난 에너지를 내뿜는다. 이를 빠르게 반응시킨 것이 원자폭탄이며, 천천히 작용하도록 만든 것이 지상의 원자력발전소다.

태양의 원자력기관은 정반대다. 태양에서는 네 개의 수소 원자핵에서 한 개의 헬륨을 '생성'한다. 그 과정으로는 수소들끼리 직접 충돌하여 중수소를 만들고 마지막에 헬륨이 되는 방식과 탄소와 질소를 촉매처럼 이용하여 결국 네 개의 수소가 한 개의 헬륨이 되는 방식이 있는데, 수소가 헬륨으로 변환한다는 점이 같다. 지상의 원자력이 무거운 핵의 분열을 이용하는 데 반해 태양의 원자력은 가벼운 핵이 모여 더욱 무거운 핵을 만들어내는 핵융합 반응이다. 실제로 수소폭탄은 태양의 핵융합 반응에서 힌트를 얻어 개발한 무기다.

우라늄은 존재량 자체가 매우 적고, 찾는 데에도 꽤 많은 어려움이 있는 원소다. 만약 우리가 수소의 핵융합 반응을 이용한 원자력기관을 지상에 세운다면, 원료는 도처에 널려 있기 때문에 막대한 양의 열 자원을 얻을 수 있을 것이다. 그런데 이처럼 저렴한 원료인 수소의 융합 반응을 지상의 원자력발전으로 이용하지 않는 이유는 무엇일까? 바로 이 원자력발전에는 아주 높은 온도가 필요하기 때문이다.

중성자는 수소 원자핵과 질량이 같고, 전기가 존재하지 않는 입자다. 전기 성질을 띠지 않기 때문에 상대 핵이 전기 성질을 띠고 있어도 아무렇지 않게 핵 내부로 침투하여 반응을 일으킬 수 있다. 그런데 수소의 원자핵은 양극의 전기를 띠고 있고, 상대 핵 또한 양극의 전기를 띠고 있기 때문에 서로의 전기력이 반발하여 그 자체로는 상대의 핵 내부로 침투하지 못한 채 옆길로 멀찌감치 벗어난다. 그러므로 상대 핵을 공격하려면 충돌하는 수소핵을 향해 맹렬한 속도로 부딪쳐야 한다.

지상에서 원자핵에 이처럼 빠른 속도를 가할 수 있는 장치는 사이클로트론Cyclotron과 싱크로트론Synchrotron 등의 가속 장치다. 그러나 태양 내부에는 사이클로트론이나 싱크로트론이 없다. 태양 내부에서 원자핵 반응을 일으킬 정도의 속도를 수소핵에 가하는 매개체는 다름 아닌 태양 내부의 온도다.

가스의 온도가 높다는 것은 가스 안의 원자와 분자가 빠른 속도로 움직이고 있다는 의미다. 움직임의 방향도 제각각이어서 서로 충돌하면 또다시 다른 방향으로 움직인다. 속도 역시 전부 똑같지 않고 빠른 것과 느린 것이 적당히 섞여 있다. 이때 온도를 높이면 속도가 느린 원자와 분자가 줄어들고, 속도가 높은 원자와 분자가 늘어나 평균 속도가 빨라진다. 태양 내부에서 벌어지는 원자핵 반응은 이와 같이 열운동으로 움직이는 원자핵의 속도 때문에 발생한다. 핵융합 반응으로 원자력을 생성하기 위해 사이클로트론과 같은 가속 장치를 사용하면, 가속하는 장치에 무리가 따르고 경제적으로도 부담이 크다. 만약 어떠한 방법으로 아주 높은 온도를 구현할 수만 있다면, 바로 그 순간에 융합 반응이 일어날 테고, 융합 반응으로 발생한 열은 가스를 뜨겁게 데우기 때문에 자연스레 원자력기관을 얻을 수 있다. 바로 이것이 열핵 반응이라고 불리는 이유다. 태양 내부와 마찬가지로 수소에서만 원자력을 얻으려면 태양 중심부와 유사한 1,000만 ℃ 이상의 고온이 필요하다. 만일 중수소나 삼중수소를 사용한다면 아마 수백만 ℃ 정도에서 핵융합 반응을 일으킬 수 있을 것이다. 그러나 실제 원자력발전으로 이용하기까지는 수백만 ℃라는 높은 온도를 만드는 일, 뜨거운 온도 그대로 유지하는 일, 또 그 용기를 만드는 일 등 결코 쉽지 않은 난제들이 기다리고 있다. 하지만 전 세계 주요 국가에서는 오래전부터 이러한 연구에 착수했고, 가장 먼저 구소련에서 50만 ℃의 고온을 만들어내는 데 성공했다. 우리는 인류가 언젠가 이 난제들을 모두 극복하여 제2의 새로운 원자력기관을 지상에 실현하기를 고대하고 있다(미래 대용량 청정 에너지원인 핵융합 에너지 상용화 가능성을 실증하기 위해 국제 핵융합 실험로ITER 프로젝트가 한국, 미국, 러시아, 유럽연합, 일본, 중국, 인도 등이 참여한 가운데 추진되고 있다-역자 주).

태양의 수명

태양이 수소를 헬륨으로 바꾸면서 그 원자력으로 빛이 발생한다는 사실은 1939년에 처음 밝혀졌다. 수소폭탄은 원자력을 순간적으로 방출하는 원리이며, 태양은 아주 천천히, 그리고 지속적으로 수소를 태우고 있는 원자로다. 태양은 과연 언제까지 수소를 태울 수 있을까?

그 해답을 얻기 위해서 현재 태양이 보유한 수소의 양을 확인하고 수소를 소비하는 비율을 알아내면, 태양의 남은 수명을 도출할 수 있다. 그러나 더 간단한 방법이 있다. 처음부터 태양이 전부 수소로 이루어졌다고 가정한 후, 수소를 현재와 똑같은 비율로 헬륨으로 바꿔나간다면 태양의 전체 수명을 짐작할 수 있다. 그리고 그 해답은 약 500억 년이다.

태양이 엄청난 열을 사방으로 내뿜으면서도 500억 년이나 계속 빛날 수 있다는 점에서 우리는 원자력기관이 얼마나 큰 역할을 하는지 알 수 있다. 그러나 또 한편으로 태양의 수명이 이렇게 긴 이유는 태양 스스로 막대한 질량을 보유하고 있기 때문이기도 하다. 만약 태양의 원자력기관이 1톤에 불과하다면, 그곳에서 발생하는 열량으로는 차 한 잔을 끓이는 데 반년이나 걸린다. 하지만 그 말은 결국 500억 년 동안 1,000억 잔의 차를 끓일 수 있다는 의미이기도 하다. 애초에 차 한 잔을 반년 동안 끓인다는 말 자체가 바람직하지 않은 예다. 정말로 이야기하고 싶었던 것은 반년 동안 발생시킨 열량을 전부 사용해도 차 한 잔을 끓일 정도밖에 되지 않는다는 사실이며, 현실에서 그렇게 천천히 차를 데우다가는 온도가 점점 식기 때문에 물이 전혀 끓지 않는다. 조금 더 빨리 차를 끓이고 싶다면 원자력 기관의 온도를 높여야 한다. 온도가 상승하면 가스 내부에 있는 입자의 속도가 더욱 빨라져 상대의 원자핵을 공격하는 힘이 한층 격렬해지기 때문이다. 그렇게 되면 차 한 잔을 1분 만에 끓이는 것도 가능하다. 하지만 태양 물질 1톤에는 1,000억 잔의 차를 끓일 만큼의 연료밖에 없기 때문에 1,000억 분, 즉 20만 년이면 연료가 소진되고 만다.

만약 태양이 이대로 계속 빛난다면 전체 수명이 수백억 년에 달하리라는 사실은 지금까지 설명한 그대로다. 태양이 탄생하고 지금까지 몇 년의 세월이 흘렀는지 정확히 알 수 없지만, 지구가 탄생한 지는 30억~40억 년 정도 되었다는 설이 가장 유력하다. 많은 학자들이 태양도 지구와 대략 비슷한 시기에 탄생했다고 믿고 있다. 그러므로 태양은 500억 년이라는 전체 수명에 비하면 태어난 지 얼마 안 된 셈이다. 하지만 만에 하나 태양 중심부의 온도가 더 높아지게 되면 원자력의 소비량도 함께 증가하기 때문에 태양의 남은 수명은 점점 줄어들고 말 것이다. 아득히 먼 태양의 미래에 실제로 기다리고 있는 운명이기도 하다.

그리고 그 점을 고려한다면 태양의 전체 수명은 약 100억 년으로 정정해야 할 것이다.

젊은 별

태양이 원자력에 의해 빛나듯 밤하늘을 보석처럼 장식하는 별들도 원자력에 의해 빛나고 있다. 별 내부의 원소도 아주 서서히 헬륨으로 변해가기 때문이다.

태양의 수명이 약 100억 년이라고 가정한다면, 다른 별들의 수명도 대강 짐작할 수 있다. 예를 들어 태양과 질량이 같지만 태양의 10분의 1 정도의 에너지만 발산하는 별이 있다면, 그 별의 수명은 100억 년의 10배일 것이다.

반대로 태양보다 밝은 별은 수명이 훨씬 짧을 수밖에 없다. 겨울 밤하늘의 왕자 시리우스는 태양보다 질량이 두 배 크고 밝기는 20배이며, 눈에 보이지 않는 부분까지 합치면 매초 방출하는 전체 에너지가 태양의 약 40배에 달한다. 질량이 두 배이고, 매초 40배의 에너지를 소비하고 있으므로 전체 수명은 태양의 20분의 1, 즉 몇억 년밖에 되지 않는다. 더욱 확실한 예는 가을 밤하늘을 장식하는

'묘성' 중 한 별에서도 발견된다. 묘성에 속한 밝은 별은 태양보다 1,000배 이상 많은 에너지를 내뿜고 있고, 질량은 태양의 10배 정도이므로 수명은 100분의 1 이하, 즉 1억 년 이하다. 조금 더 극단적인 예로 태양보다 질량이 30배나 크고, 수십만 배의 에너지를 내뿜는 별도 있다. 그런 별은 처음부터 수소에서 생겨났고, 별 전체의 수소가 전부 헬륨으로 바뀌었다고 해도 수명이 수백만 년 정도밖에 되지 않는다.

이렇게 수명이 짧은 별이 지금까지도 존재한다는 사실은 무엇을 의미할까? 지구가 탄생한 지도 벌써 30억~40억 년이 지났다. 우주가 탄생한 지도 대략 그 정도 지났으리라 추정하고 있다. 생겨난 지 수십억 년이 경과한 우주 안에 수명이 수백만 년, 수천만 년밖에 되지 않는 별이 지금도 빛나고 있다는 건 무슨 뜻일까?

만약 그 별들이 우주가 처음 탄생했을 때부터 계속 빛나고 있었다면 지금쯤 이미 수명을 다했어야 한다. 그러므로 그 별들이 현재까지 빛나고 있으려면 우주의 나이인 40억~50억 년에 비해 훨씬 최근에 탄생한 별이어야 한다는 전제가 필요하다. 앞에서도 설명했듯이 오리온자리의 청백색 별들은 한 점에서 흩뿌려지는 듯한 운동을 하고 있고, 그 운동으로 거꾸로 계산해보면 지금으로부터 약 250만 년 전에 흩뿌려지기 시작했음을 알 수 있다. 청백색 별들은 온도가 매우 높고 그만큼 많은 에너지를 방출하며 원자력을 소비하는 수명이 짧은 별이다. 그 점을 고려하면 현재까지 이 별들이 빛나고 있다는 사실은 그들 자체도 우주의 나이에 비해 아주 최근에 탄생한 별, 다시 말해 젊은 별임을 확신하게 한다. 고대 그리스의 수학자이자 천문학자 아르키메데스Archimedes는 하늘에 1,008개의 별이 있으며 그 별들은 영원히 변하는 것이 아니라고 말했다. 그처럼 우주에는 아주 최근에 탄생한 젊은 별들이 현존하고 있다. 따라서 우리는 지금 이 순간에도 우주 어딘가에서 새로운 별들이 계속해서 탄생하고 있음을 기억해야 한다.

3. 별을 늘어놓다

화성인의 지구 구경

별은 서서히 각자의 생애를 살아가고, 우주의 모습 또한 시간이 지날수록 변화를 거듭한다. 식물과 동물이 일생 동안 어떤 생장을 하는지는 그 식물과 동물을 직접 키우며 변화를 관찰하면 된다. 그러나 태양처럼 수명이 100억 년에 달하는 별이나 아무리 짧아도 수명이 수백만 년이나 되는 별은 인류가 대대손손 관측을 멈추지 않는다 해도 그 진화 속도는 알아채기 힘들 만큼 매우 느리다. 만약 태양을 100년 동안 계속 관측한다 해도 100년은 100억 년에 비하면 1억분의 1에 불과하다. 100년 동안의 관측으로 태양의 진화를 논하는 것은 예를 들어 수명이 60년인 인간을 겨우 18초 동안 관찰한 후, 그 인간의 생애를 통해 전체 인류의 생장을 짐작하려는 것과 다를 바 없다.

마음껏 상상의 나래를 펼쳐 화성에 고등 생물이 존재한다고 가정해보자. 그들을 지구에 데려와 한 사람을 18초 동안 살펴보게 한 후, 과연 이 사람이 일생에 거쳐 어떠한 신체 변화를 겪을지 추리해보라고 한다면 어떨까? 그건

누가 봐도 말도 안 되는 요구다. 화성인 입장에서 지구 생명체, 즉 인간에 대해 파악할 수 있는 바람직한 방법은 허락한 시간 동안 최대한 많은 사람을 관찰하는 일이다. 예를 들어 도시의 번화가 한복판에 서서 지나다니는 사람을 관찰하면, 남녀노소를 가리지 않고 다양한 표본을 얻을 수 있다. 그 표본을 보며 키, 몸무게, 얼굴의 주름살 등 다양한 특징에 따라 분류한 후 통계를 내면 한 사람만 계속 관찰할 때보다 인간의 생장에 대해 훨씬 자세한 정보를 얻게 된다.

우리가 별의 진화를 알고자 할 때도 마찬가지다. 최대한 많은 별을 관측한 후에 그 관측 결과를 다양한 특징에 따라 분류하고 통계를 내는 방식이 훨씬 효과적이다.

외부에서 관측해 얻을 수 있는 별의 특징은 밝기, 크기, 질량, 온도, 혹은 스펙트럼의 줄무늬 등이다. 우리는 별의 진화론 중에서도 별의 실제 밝기와 온도를 가장 중점적으로 소개하려고 한다. 별의 온도는 별의 색으로 알 수 있다. 별의 색으로 온도를 어떻게 추정하는지, 그리고 별의 밝기와 온도 사이에 어떤 관련이 있는지 지금부터 천천히 알아보겠다.

별의 색

앞에서 이야기한 것처럼 시리우스는 태양보다 약 20배 밝지만, 눈에 보이지 않는 부분까지 고려하면 전체 에너지가 태양의 40배에 달한다. 우리의 눈은 별에서 뿜어져 나오는 다양한 파장의 빛 중에서 빛의 파동이 미치는 범위를 말하는 '파장역'의 극히 일부분만 느낄 뿐이다. 실제 별의 빛은 파장이 짧은 감마선, 엑스선, 자외선, 눈에 보이는 빛, 또 파장이 긴 적외선부터 전파 영역까지 연속되어 있다. 그리고 별의 표면 면적 중 1㎠마다 각 파장으로 뿜어져 나오는 빛의 양은 별의 온도에 따라 달라진다. 두세 개 온도의 사례를 그림 5와 같이 나타내보았다.

이 표를 보면, 1만 ℃ 곡선은 6,000℃ 곡선에 비해 자외선 쪽에서 훨씬 불룩해진다. 표에서 '눈에 보이는 범위(가시 영역)'라고 적혀 있는 범위만이 눈에 빛의 형태로 느껴지는데, 이 범위 안의 1만 ℃와 6,000℃의 비율에 비해 자외선에서는 1만 ℃ 쪽이 확실히 강하다. 그래서 모든 파장에서의 비율을 구하면, 가시 영역에 비해 1만 ℃ 쪽이 훨씬 강하다. 빛의 밝기를 눈에 느껴지는 가시 영역에서의 빛의 양, 그리고 빛의 세기는 모든 파장을 합친 빛의 양으로

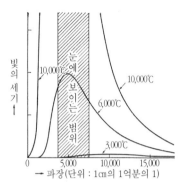

[그림 5] 온도에 따라 달라지는 빛의 방출량

구별한다면 시리우스의 빛이 태양에 비해 20배 밝고 40배
강하다고 말할 수 있다.

　오리온자리의 밝은 별, 리겔과 베텔게우스가 각각 청백
색과 붉은빛을 띠는 별이며 그 색의 차이가 온도의 차이를
나타낸다는 사실은 이미 앞에서 설명했다. 온도가 다를
때 색도 달라지는 이유는 그림 5를 보면 조금 더 이해하기
쉬울 것이다.

　온도가 높은 별은 자외선 부분에서 많은 에너지를 방출
하고, 온도가 낮은 별은 적외선에서 에너지가 비교적 강하
다. 예를 들어 자외선에 민감한 필름으로 사진을 찍으면

온도가 높은 별이 더 잘 찍히고, 적외선 필름으로 찍으면 온도가 낮은 별이 더욱 잘 찍힌다. 그러므로 이 두 장의 사진을 비교하면, 파장이 훨씬 긴 적외선은 지구의 공기층에 흡수되어 지상에 도달하지 않기 때문에 극단적인 자외선과 극단적인 적외선으로 사진을 찍기가 불가능하다. 그래도 푸른빛에만 예민한 사진 건판으로 찍은 사진과 가시광선 전역에 감도가 높은 팬크로매틱Panchromatic급 사진 건판에 빨간색 필터를 덮어 빨간색 감도를 높여 찍은 사진을 비교하면 색의 차이를 알 수 있고, 그에 따라 온도도 유추할 수 있다. 색에 따른 감도 차이를 이용한 사진을 찍는 대신에 광전관(광전 효과를 이용해 전기 신호를 만드는 진공관-역자 주) 앞에 색이 다른 필터를 번갈아 놓고 별마다 빛의 세기를 측정한 후 비교해도 마찬가지다. 이 방법이 정밀도가 좋기 때문에 최근에는 주로 광전관으로 별의 색, 즉 온도를 측정하고 있다.

그림 5에서 또 한 가지 주의해서 봐야 할 부분이 있다. 1만 ℃ 곡선에서는 최대치가 자외선 쪽에 있고, 3,000℃ 곡선에서는 최대치가 적외선 부분에 치우쳐 있으며, 그 중간인 6,000℃ 곡선에서는 최대치가 가시 영역에 들어 있다

는 점이다. 가시 영역, 즉 '눈에 보이는 범위'라고 적힌 범위 안에서도 눈의 감도는 꼭 동일한 것이 아니라 노란색과 초록색 부근이 가장 감도가 좋다. 6,000℃ 곡선의 최대치는 대체로 이 부근에 형성된다. 6,000℃는 태양의 온도다. 다시 말해 우리의 눈은 태양이 방출하는 빛의 최대치 부분에서 감도가 가장 좋다는 의미인데, 이는 결코 우연의 일치가 아니다. 인간의 눈은 어쩌면 태양이 방출하는 빛을 가장 효과적으로 이용하여 사물을 보도록 만들어졌는지도 모른다.

H-R도

어떠한 별의 밝기를 측정한 후, 지구에서 얼마나 떨어져 있는지 그 거리를 알고 있다면 별의 실제 밝기를 계산할 수 있다. 거기에 별의 색까지 관측할 수 있다면 별의 표면 온도도 알 수 있다. 만약 별의 빛의 세기, 다시 말해 눈에 보이지 않는 부분까지 포함한 빛의 에너지를 알고 싶다면 그림 5의 원리로 빛의 온도와 밝기를 이용해 얼마든지 계산할 수 있다.

빛의 실제 밝기(혹은 빛의 세기)와 그 별의 온도를 하나의 표 위에 기록한다고 가정해보자. 세로축이 밝기, 가로축이 온도라고 하면 하나의 별은 표 안에 한 점으로 표시될 테고, 별의 개수에 따라 표 안의 점도 늘어난다. 만일 별의 밝기와 별의 온도 사이에 아무런 관계가 없다면 점은 표 안에 어수선하게 흩어질 것이다. 하지만 별의 밝기와 온도 사이에 통계적인 관계가 조금이라도 있다면 점들은 일정한 형태를 보이게 된다. 실제로는 어떠할까?

그림 6은 태양 근처에 있는 별들의 밝기, 거리, 색을 측정하여 얻은 결과를 표시한 것이다. 이 표에서는 일반적인 관습에 따라 세로축이 10배, 100배… 늘어날 때마다 눈금의 길이가 동일하도록, 즉 배수가 되도록 나누었다. 또 가로축은 왼쪽에서 오른쪽으로 갈수록 온도가 낮아지도록 했다.

그림 6에서 수많은 점들이 아주 깨끗하게 정렬되어 있는 모습은 상당히 흥미롭다. '0'으로 표시한 태양도 그 대열 안에 들어가 있다. 표에 표시된 점들의 위치를 살펴보면, 별의 실제 밝기와 표면 온도는 전혀 관계없는 것이 아니라 온도가 높을수록 빛이 밝다는 사실을 알려준다. 그

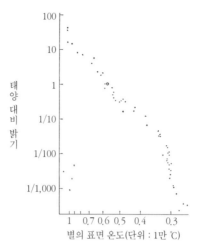

[그림 6] 지구와 가까운 별들의 H-R도

것은 도대체 무슨 의미일까?

그림 5를 다시 한 번 살펴보자. 이 표는 같은 표면적에서 방출되는 빛의 세기가 온도의 변화에 따라 어떻게 달라지는지 각 파장에 따라 표시한 것이다. 표의 3,000℃, 6,000℃, 1만 ℃에 해당하는 각 곡선 중에서 온도가 높은 곡선일수록 눈에 띄게 위로 솟아 있고, 각 곡선이 서로 겹치지 않는 모습을 확인할 수 있다. 달리 말하면 어떤 파장이든 온도가 높을수록 같은 면적에서 방출되는 빛의 양이

많다는 이야기다. 그리고 빛 전체는 온도가 높아짐에 따라 아주 강해진다는 사실을 보여준다. 앞에서 오리온자리의 리겔과 베텔게우스를 비교했을 때 전열기의 예를 들었는데, 그 사실을 조금 더 명확하게 보여주는 것이 그림 5다. 즉, 같은 크기의 별이어도 온도가 높은 별은 방출하는 빛의 양이 더욱 많다.

그림 6의 점들은 왼쪽 상단에서 오른쪽 하단으로, 다시 말해 온도가 높은 별일수록 밝고, 온도가 낮은 별일수록 어둡다는 사실을 알려주듯 점들이 줄지어 있다. 만약 지구에서 가까운 별들이 전부 크기가 같고 온도만 조금씩 다르다면, 역시나 왼쪽 상단에서 오른쪽 하단으로 점들이 늘어설 것이다. 그러므로 이 표를 통해 알 수 있는 사실은 전체적으로 보았을 때 별의 크기는 서로 그다지 차이 나지 않는다는 점, 그리고 태양도 이들 사이에 있기 때문에 태양의 크기 역시 별반 다르지 않다는 점이다. 실제로 계산해보면 이 행렬에 속한 별은 태양보다 20배 밝아도 크기는 태양의 두 배 이하이고, 태양보다 20분의 1 정도로 어두워도 크기는 태양의 0.7배다. 즉, 빛의 세기로 가늠할 만큼 큰 차이는 없다. 별들이 보유한 빛의 세기는 크기보

다 표면 온도의 차이 때문에 확연한 차이가 난다는 사실을 알 수 있다.

한마디로 표 안에 줄지어 있는 이 별들은 크기가 비슷한 별들이며, 태양을 포함하여 지구와 가까운 별들은 거의 대부분 이 행렬에 속해 있다. 그래서 이처럼 왼쪽 상단에서 오른쪽 하단으로 줄지어 있는 이 별들의 집합을 '주계열'이라고 부른다. 태양 자신도, 태양 근처에 있는 대부분의 별들도 주계열에 속한 주계열성이다.

그림 6에서 눈에 띄는 부분은 태양보다 어두운 별이 매우 많다는 사실이다. 지구와 가까운 별을 100개 꼽았을 때, 그중에서 태양보다 밝은 별은 다섯 개뿐이다. 하지만 반대로 하늘에 보이는 별 중에서 겉보기에 밝은 별부터 100개를 고른다면, 모두 태양보다 밝다. 지금까지 태양보다 밝은 별이 많은 듯한 인상을 받았는지 모르지만, 사실 태양은 별들 중에서 평균 이상으로 밝은 별이며, 눈에 느껴지는 밝기가 별의 거리에 큰 영향을 받는다는 사실은 여기에서 다시 한 번 확실해진다.

그림 6처럼 세로축을 별의 실제 밝기, 가로축을 온도로 하여 각 별들을 점으로 표시한 도표는 별의 통계에 쓰

일 뿐만 아니라 별의 진화를 연구하는 데 매우 유용한 자료다. 그래서 우리 책에서도 이 도표가 여러 번 등장할 예정이다. 별을 도표에 표시한 사람은 1905년 무렵에 덴마크의 천문학자 아이나르 헤르츠스프룽Ejnar Hertzsprung이 처음이었고, 얼마 후에 미국의 천문학자 헨리 러셀Henry Norris Russel이 본격적으로 연구하기 시작했다. 그래서 이러한 도표를 '헤르츠스프룽-러셀 도표'라고 부르는데, 이 책에서는 두 사람 성의 첫 알파벳을 따서 'H-R도'라고 축약하여 부르겠다. H-R도는 지구에 구경 온 화성인에게서 건네받은 아주 중요한 자료인 셈이다.

거인국과 소인국

그림 6의 H-R도에서 왼쪽 상단부터 오른쪽 하단으로 늘어선 주계열의 별 대부분은 태양과 크기가 비슷한 별이다. 그러나 오리온자리의 베텔게우스는 태양보다 1,000배나 크다. 태양계에서 따지자면 화성의 궤도가 베텔게우스의 지름 안에 가볍게 들어갈 정도다. 또한 여름밤, 남쪽 하늘에 붉은빛을 발하는 전갈자리의 안타레스도 태양보다

23배 크다. 이 별들만큼 크지 않더라도 우리가 1등성이라고 부르는 별의 대부분은 태양에 비해 상당히 크다. 이처럼 주계열성에 비해 큰 별을 '거성巨星'이라고 부르는데, 1등성 중에서만 조사해도 거성이 상당히 많다는 인상을 받는다. 그러나 실제로 지구와 떨어진 거리를 측정하여 '지구 주변 몇 광년 이내에 있는 모든 별'이라는 범위를 설정하여 제대로 모아보면, 그림 6처럼 별들 대부분이 주계열에 속한다. 거성은 그 자체로 매우 밝아서 멀리 떨어져 있어도 밝게 보이고, 수가 적어도 눈에 잘 띄기 때문에 실제보다 많다는 인상을 받는 것이다. 하지만 적어도 지구와 가까운 대부분의 별이 주계열에 속하며, 거인처럼 거대한 별이 존재한다는 것은 분명한 사실이다. 거성과 주계열성의 구분이 어째서 존재하는지, 어째서 주계열에 속한 별이 이토록 많은지, 주계열성이 많은 현상은 지구 근처에서만 해당하는 일인지, 아니면 우리 은하 전체나 더 먼 우주에서도 마찬가지인지…. 모두 우리 마음속에 자연스레 떠오르는 의문이지만, 이 질문들은 별의 탄생과 진화에도 깊은 관련이 있다.

그림 6의 H-R도를 자세히 살펴보면 주계열의 왼쪽 하

단 쪽에 별 몇 개가 자리하고 있음을 알 수 있다. 이 별들은 온도가 높지만 빛이 매우 약하다. 주계열성은 태양과 크기가 비슷하기 때문에 H-R도의 왼쪽 하단에 있는 이 별들은 태양보다 훨씬 작아야 한다. 주계열성의 반지름을 계산했던 것처럼 이 별들의 반지름을 계산해보면, 실제로 태양의 50분의 1 정도다. 지구의 반지름은 태양의 약 100분의 1이므로 이 별들의 반지름은 지구의 두 배 정도밖에 되지 않는다. 게다가 온도가 1만 °C라면 항성으로서 자격이 충분하다. 이처럼 크기가 아주 작으면서 온도가 높은 별을 가리켜 '백색왜성白色矮星'이라고 부른다. 태양보다 1,000배나 큰 베텔게우스를 걸리버가 여행한 거인국 사람들이라고 한다면, 백색왜성은 소인국 사람들이다. 백색왜성은 크기가 왜소한 데 비해 매우 고온이라는 사실만으로도 범상치 않은 별이지만, 이 별의 물질 1㎤를 지구에 가져와서 측정해보면 무게가 100㎏이 된다. 즉, 밀도가 물의 10만 배라는 점에서 백색왜성은 참으로 기묘한 존재다. 1㎤가 100㎏이라는 것은 성냥갑 안에 수십 명의 사람이 들어간다는 말과 같고, 컵 한 잔의 무게가 20톤 이상이라는 의미다. 그야말로 우리의 상상을 뛰어넘는다. 이제부터 이처럼 기묘한 별, 백색왜성의 발견에 얽힌 이야기를 소개하려고 한다.

시리우스의 반지름

오리온자리의 세 별에서 수직으로 내려온 자리에 위치한 별이자 우주 전체에서 가장 밝게 빛나는 별 시리우스는 지구로부터의 거리가 8.7광년, 온도가 약 1만 ℃, 반지름이 태양의 1.8배, 실제 밝기가 태양의 23배나 되는 주계열성이다. 하지만 실제로 시리우스는 쌍성 중에서 주성보다 밝기가 다소 어둡고 크기도 작은 별, 즉 동반성同伴星을 갖고 있다. 백색왜성은 바로 이 시리우스의 동반성 때문에 처음으로 발견되었다.

백조자리 61의 거리를 최초로 측정한 베셀의 이름을 기억하고 있을 것이다. 베셀이 시리우스의 위치를 매우 정밀하게 측정했고, 그 밖에 수많은 과학자들의 관측이 모아져 시리우스의 위치가 약 50년 주기로 이동하고 있다는 사실이 밝혀졌다. 앞에서 이야기했듯이 별은 제각각 자기 나름의 운동을 하는 것 외에 태양의 운동을 반영하여 천구상에서 조금씩 움직이는 모습을 볼 수 있다. 그리고 그 운동은 대부분 직선적이다. 하지만 시리우스는 이러한 직선 운동 외에 약 50년이라는 주기를 두고 오른쪽으로 지그재그, 왼쪽으로 지그재그 움직이고 있다. 그렇게 보이는 이유는 더 이상 하나로 보이지 않는 또 다른 별이 존재하여 그 두 별이 서로 교차하며 전체적으로 직선 운동을 하고 있기 때문에 시리우스만 바라보면 왼쪽과 오른쪽으로 지그재그로 움직이듯 보이는 것이다. 그러나 그 짝을 이루는 별은 베셀이 한창 연구를 하던 19세기 중반에는 전혀 관측되지 않았다. 그러다가 약 30년이 지난 1862년, 렌즈 세공의 달인으로 평가받던 미국의 망원경 제작자 앨번 클라크Alvan Graham Clark가 18인치 망원경을 완성했고, 그 성능을 테스트하기 위해 이전부터 의문부호로 남아 있던 시리우스 쪽을 향해 망원경을 고정했다. 그리고 드디어 시리우스의 밝은 빛에 가려져 희미하게 빛나고 있던 8등성짜리 동반성이 발견되었다.

시리우스의 동반성을 발견했다는 소식은 순식간에 퍼져나가 클라크의 명성도 높아졌다. 그러나 그와 동시에 동반성의 발견은 학자들의 머리를 아프게 했다. 두 개의 별이 쌍성을 이루고 있을 때 서로의 궤도가 확실하면 두 별의 질량을 구할 수 있는데, 이렇게 알아낸 두 별의 질량은 시리우스의 주성이 태양의 약 2.3배, 반지름은 0.98배로 그다지 차이가 나지 않았지만, 밝기에서 1만 배나 차이가 났기 때문이다. 게다가 시리우스 동반성의 수수께끼는 그 색에 있었다. 얼마 후, 윌슨산 천문대장이 된 미국의 천문학자 월터 애덤스Walter Sydney Adams가 측정한 시리우스 동반성의 색은 시리우스 주성에 비해 청백색에 근접했다. 청백색의 별은 표면 온도가 높은데 빛이 그만큼 어둡다면 반지름이 태양의 50분의 1, 밀도는 물의 10만 배여야 한다. 동반성의 발견이 학자들의 머리를 이토록 아프게 한 이유는 동반성이 이처럼 기이한 별이라는 사실을 알고 있었기 때문이다.

지구의 밀도는 물의 5.5배이고 태양 전체의 밀도는 평균적으로 물의 1.4배인데, 시리우스 동반성의 밀도는 물의 10만 배에 달한다. 물보다 밀도가 10만 배나 크다니 측정 방식에 착오가 있었던 것은 아닐까? 이러한 의문을 시원하게 해소해준 사람이 조금 전에 이야기한 애덤스였다.

별의 빛을 색으로 나눠 분석하면 각 원소 고유의 검은

선이 보인다. 이 선이 보이는 위치, 즉 파장은 그 원소에 의해 결정되어 있다. 그러나 아인슈타인Albert Einstein이 주장한 일반 상대성 이론에 의하면 이처럼 밀도가 높은 별의 표면에서는 파장이 살짝 붉은 쪽으로 치우치기 마련이라는 사실을 영국의 천문학자 아서 에딩턴Arthur Stanley Eddington이 예언했다. 애덤스는 지속적인 연구 끝에 밝은 별 시리우스와 근접한 이 희미한 별의 빛만 분리하여 그 빛을 색으로 나눈 스펙트럼을 사진으로 남기는 데 성공했다. 게다가 그 스펙트럼에 나타난 검은 선의 파장은 예언했던 대로 붉은 쪽에 치우쳐 있었다. 1925년, 영국의 케임브리지대학교에서 열린 강연회에서 에딩턴은 이 연구 결과를 소개했고, 애덤스는 일석이조의 성과를 거뒀다는 극찬을 받았다. 그가 손에 넣은 두 가지 성과란 백색왜성이 이처럼 고밀도라는 사실을 알아낸 것, 그리고 일반 상대성 원리가 옳았다는 점을 증명한 것이었다. 이는 정말이지 커다란 소득이었다.

밀도가 물의 10만 배나 되는 별이 어떻게 존재하는 걸까? 그 이유는 원자의 반사재를 없애 꽉꽉 눌러 담았기 때문이다. 원자를 눌러 담는 힘은 별 자체의 중력이다. 즉,

별의 질량의 무게로 내부의 원자를 압축하고 있는 것이다. 일반적인 별들이 이와 같이 원자를 압축하고 있지 않은 이유는 별의 중심부에서 원자력 에너지가 발생하여 그곳의 온도를 높이고, 그로 말미암아 원자가 맹렬한 기세로 운동하여 외부로부터의 강한 압력을 견디고 있기 때문이다. 따라서 별이 에너지를 발산하는 힘을 잃는다면, 이처럼 높은 밀도의 별이 될 수 있다는 이야기다.

그러나 반사재가 없는 원자들이 서로 계속해서 부딪칠 때까지 진짜로 눌러 담는다면, 그 밀도는 물의 10만 배 정도에 그치지 않을 것이다. 다만 별에서는 원자에서 나온 전자가 외부로부터의 강한 압력을 한계치에 가깝도록 견디고 있기 때문에 딱 그 정도의 밀도가 된 것이다.

백색왜성은 이후 조금씩 더 발견되었고, 지구와 근접한 별들 중 3%가 백색왜성이라는 사실이 추가로 밝혀졌다. 우주에 3%나 존재한다면 더 이상 희귀한 별도 아니다. 따라서 백색왜성은 별의 진화 과정 중 어딘가에 포함해야 할지도 모를 일이다.

묘성의 H-R도

별의 실제 밝기와 그 온도 사이의 관계를 각각 가로축과 세로축에 표시한 H-R도의 예로 그림 6을 소개한 바 있다. 그리고 이 표의 가장 큰 특징은 주계열이라고 불리는 왼쪽 상단에서 오른쪽 하단으로 늘어선 행렬에 별들이 밀집되어 있다는 점이다.

그러나 지구인을 연구하는 화성인 입장에서 복잡한 도심 번화가를 지나다니는 사람들이 전체 인류를 대표하기엔 지극히 편향되어 있는 것과 마찬가지로 H-R도의 이러한 특이점 역시 지구와 근접한 별들에 한정된 것인지도 모른다. 조금 더 다른 장소에서 별을 조사했을 때 똑같은 결과를 얻지 못한다면, 이 H-R도를 바탕으로 도출한 결론을 100% 확신할 수 없다. 혹은 다른 곳에 위치한 별들로 작성한 H-R도가 전혀 다른 형태를 보일 수도 있다. 따라서 지구와 가까운 별들뿐만 아니라 멀리 떨어진 별들까지 조사해야 할 필요가 있다.

하지만 삼각측량법으로 별 하나하나의 거리를 측정하다 보면, 멀리 떨어져 있는 별일수록 측정 거리에 오차 범위가 커질 우려가 있다. 그러므로 지구와 동떨어진 곳의 별들을 조사하여 H-R도를 작성하는 일은 언뜻 생각해도 불가능해 보인다.

그러나 한 가지 좋은 방법이 있다. 지구와 멀리 떨어진 우주 공간에 무리 지어 있는 별들이 있다면, 그 무리에 속한 별들은 모두 지구와의 거리가 동일하다고 봐도 무방하다. 만약 그 무리에 속한 별의 거리를 다른 방법으로 알아내기만 한다면, 무리에 포함된 별들의 겉보기 밝기와 색으로 우리가 원하는 H-R도를 작성할 수 있다. 지금 예로 들어 설명한 한 무리의 별은 늦가을부터 겨울에 이르기까지 밤하늘을 장식하는 별들, 바로 묘성이다.

묘성은 백수십여 개의 별로 이루어진 성단으로 지구와의 거리가 490광년이다. 겉으로 볼 때 성단 전체의 지름이 약 1° 40'이므로 실제 지름은 대략 15광년이라는 사실을 알 수 있는데, 묘성에 속한 별도 이 범위 안에 들어 있으니 지구로부터 같은 거리만큼 떨어져 있다고 봐도 좋다.

그림 7은 묘성에 속한 60여 개의 별을 관측하여 얻은 H-R도다. 세로축이 별의 밝기, 가로축이 온도라는 점은 그림 6과 똑같다. 그림 6과 그림 7을 비교해서 보면, 이 두 개의 H-R도가 매우 닮아 있음을 눈치 챌 수 있다. 왼쪽 상

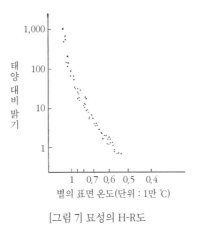

[그림 7] 묘성의 H-R도

단부터 오른쪽 하단으로 늘어선 주계열성은 그림 7에도 동일하게 나타난다. 490광년 떨어진 곳에서 하나의 집단을 형성하고 있는 묘성의 별들 역시 지구와 근접한 별들처럼 H-R도를 갖고 있는 것이다. 별이 주계열에 속해 늘어서 있다는 사실은 별의 진화에 있어서 매우 중요한 의미를 담고 있음이 틀림없다.

앞에서도 설명했듯이 성단에는 두 종류가 있다. 무리에 속해 있는 별들이 띄엄띄엄 위치한 산개성단과 별들이 천체에 밀집되어 있는 구상성단이다. 묘성은 산개성단의 하

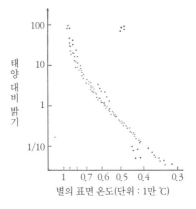

[그림 8] 히아데스 성단의 H-R도

나인데, 산개성단 중에서 다른 예를 찾아봐도 거의 대부분 묘성과 같은 H-R도를 갖고 있다는 사실이 밝혀졌다. 그중 한 예가 그림 8의 히아데스 성단이다. 히아데스 성단은 묘성과 마찬가지로 황소자리에 자리하고 있는데, 지구로부터의 거리는 130광년으로 묘성보다 훨씬 가깝다. 그림 8에서도 별들이 주계열에 밀집하여 줄지어 있는 모습을 볼 수 있다. 그러나 또 한 가지 그림 8과 그림 7에서 주의 깊게 비교해보았으면 하는 부분은 세로축의 눈금이다. 그림 7 묘성의 도표에서는 세로축이 1,000배까지 적혀 있지만,

그림 8 히아데스 성단의 도표에서는 100배가 마지막이다. 즉, 묘성에는 히아데스 성단보다 밝은 별이 존재한다는 이야기다. 다양한 산개성단을 조사해보니 주계열이 존재하는 건 동일하지만, 이처럼 조금씩 다른 부분이 존재한다는 사실을 알 수 있었다. 한편, 구상성단의 H-R도는 산개성단의 H-R도와 비슷한 부분이 거의 없다. 산개성단이 보여주는 수많은 H-R도 간의 차이도, 구상성단이 보여주는 완전히 다른 H-R도 역시 별의 진화에 있어서 매우 커다란 의미를 갖는다. 번화가에서 벗어나 멀리 동떨어진 장소에서 사람들을 관찰하는 일은 지구를 방문한 화성인에게도 반드시 필요한 경험이다.

Ⅲ. 은하계의 구조

1. 은하수

우유로 만든 길

여름밤, 머리 위에는 북쪽에서 남쪽 방향으로 희미하게 빛나는 띠가 흐른다. 바로 은하수다. "거친 바다여, 사도 섬을 가로지르는 은하수"라고 노래한 일본 에도시대의 하이쿠 시인 마쓰오 바쇼松尾芭蕉의 문장은 은하수의 웅대한 모습을 묘사하고 있다. 동양에서는 하늘에 흐르는 강이라는 의미로 '은하수, 은하, 은한' 등으로 불렸고, 서양에서는 '우유로 만든 길Milky Way'이라고 불렀다. 은하수는 여름철 밤하늘뿐만 아니라 겨울철 밤하늘에도 보이고, 남반구에서도 보인다. 은하수는 하늘을 한 바퀴 둘러싸고 있는 빛의 띠인 셈이다.

은하수가 희미한 빛을 지닌 별들이 무수히 모여 있는 것이라는 상상은 아주 오래전부터 해온 듯하다. 그러나 은하수의 실체가 명확하게 밝혀진 것은 두말할 필요 없이 망원경이 발명된 이후다.

빛이 희미한 별은 대개 지구로부터 멀리 떨어진 별이다. 그토록 먼 곳의 별들이 하늘을 빙 둘러싸고 있는 띠 형태로 밀집되어 있는 것은 무엇을 의미할까? 결론부터 말하면 수많은 별들은 원반처럼 모여 있고, 우리 지구 역시 그 원반 내부에 있다. 즉, 원반의 면을 따라서 아주 먼 곳까지 수많은 별들이 있고, 그 밖의 방향으로는 멀리 떨어져 있는 별들이 작게 보이는 것이다. 지구를 포함해 별들이 원반처럼 모여 있는 이 거대한 집단을 특별히 '우리 은하'라고 부른다.

문제는 우리 은하의 크기와 그 안에 포함된 별의 수, 그리고 지구가 은하의 어느 부분에 위치하느냐다. 멀리 떨어져 있는 별들의 거리를 제각각 측정할 수만 있다면 은하의 크기를 짐작할 수 있지만, 삼각측량법으로 별의 거리를 측정하기에는 한계가 있다. 그러므로 삼각측량법이 아닌 또 다른 방법을 찾아 거리를 구해야 한다.

우리 은하의 크기가 얼마쯤 되고 지구가 은하계 내부 어디쯤에 위치하는지는 수많은 학자들이 끊임없이 연구해 왔다. 19세기 말, 영국의 천문학자 존 허셜John Herschel이 측정한 우리 은하는 지름이 5,500광년, 중심부의 두께가 1,000광년인 원반 형태로서 태양은 은하계 거의 가운데에 위치하고 있었다. 이후 1920년 무렵, 네덜란드의 천문학자 야코뷔스 캅테인Jacobus Kapteyn이 그린 우리 은하는 지름이 5만5,000광년, 중심부의 두께가 1만 광년으로 허셜의 우주보다 약 10배 정도 컸다. 하지만 태양은 중심에서 약 2,000광년 부근, 즉 태양은 역시 은하계 중심 쪽에 있다고 믿었다. 그러나 1910년 무렵부터 연구에 돌입한 미국의 할로 섀플리Harlow Shapley 팀은 우리 은하가 지름 20만 광년, 두께 1만8,000광년으로 훨씬 커다란 존재이며, 태양은 은하계 중심에서 꽤 떨어진 곳에 위치하고 있다고 주장했다.

섀플리의 연구는 그 후 수정에 수정을 거듭했다. 현재 학계에서 추정하는 우리 은하의 모습은 지름이 약 10만 광년, 두께는 중심부가 약 1만5,000광년이며, 태양은 원반 중심에서 약 3만 광년 이상 떨어져 있다. 은하의 중심은 지구에서 볼 때 여름밤 남쪽 하늘에 보이는 궁수자리 부근이다.

먼 옛날에는 지구가 우주의 중심이며, 모든 천체는 지구의 주위를 돌고 있다고 믿었다. 그러나 이제 지구는 다른 행성들과 함께 태양의 주위를 도는 하나의 작은 천체로 전락했다. 게다가 태양은 은하계라는 거대한 집단 안에서도 꽤 가장자리에 위치한 평범한 별 중 하나에 지나지 않는다. 그뿐만이 아니다. 우주에는 우리 은하를 닮은 거대한 별의 집단이 무수히 존재하고 있다.

깜빡이는 등대

우리 은하가 지름이 10만 광년에 달하는 원반이며, 지구는 은하계 중심에서 3분의 2나 떨어진 바깥쪽에 위치하고 있다는 사실은 어떻게 알게 된 걸까?

우리는 앞에서 묘성처럼 공간적으로 별들이 모여 있는 집단을 성단이라고 부른다고 이야기했다. 그리고 우주에는 묘성처럼 별들이 어지러이 흩어져 있는 산개성단이 있는가 하면, 별들이 구의 형태로 밀집되어 있는 구상성단도 존재한다는 사실을 소개했다. 산개성단이 수십, 수백 개의 별들이 모인 집단인 데 비해 구상성단은 수만, 수십만 개의 별들이 모인 집단이다. 한편 산개성단은 은하수 부근에서 많이 발견되지만, 구상성단은 그렇지 않다. 또 산개성단이 490광년 떨어진 묘성이나 130광년 떨어진 히아데스 성단을 예외로 하더라도 대부분 수천 광년이라는 상당히 가까운 거리에 위치하고 있는 반면, 구상성단은 수만 광년이라는 아주 먼 거리에 위치하고 있다.

지금까지 구상성단은 대략 100개 정도가 밝혀졌다. 구상성단 하나하나의 거리를 측정하여 그 공간적인 위치를 파악해보니 모든 구상성단이 커다란 구 안에 점점이 분포하고 있음이 밝혀졌다. 게다가 그 구는 태양이 중심이 아니라 태양으로부터 약 5만 광년 떨어진 지점이 중심이며, 구상성단이 분포하고 있는 커다란 구는 지름이 약 20만 광년에 달한다. 섀플리는 이 구상성단 전체가 우리 은하를 크게 감싸고 있다고 믿었고, 바로 그 때문에 우리 은하의 크기와 중심의 위치를 구할 수 있었다.

그러나 섀플리가 추정한 은하의 크기는 너무나도 거대하다. 그 원인은 어디에 있을까? 또한 이토록 머나먼 구상성단의 거리를 어떻게 측정할 수 있을까?

앞에서 오리온자리의 베텔게우스가 약 5년 8개월을 주기로 커졌다가 작아졌다가 하는 별, 즉 맥동성이라고 설명한 바 있다. 그리고 맥동성의 전형적인 예로 세페우스자리 델타와 거문고자리 RR를 소개했다. 구상성단의 거리를 측정하는 데에는 이 거문고자리 RR가 중요한 역할을 한다.

 거문고자리 RR는 0.567일을 주기로 빛이 증감한다. 빛의 양이 늘어날 때는 아주 빠르게, 빛의 양이 줄어들 때는 아주 느리게 변화한다. 이처럼 빛의 증감을 보이면서 거문고자리 RR와 유사한 주기를 지닌 맥동성은 아직 몇 개밖에 발견되지 않았다. 거문고자리 RR의 거리는 별개의 방법으로 밝혀졌고, 그 외에 몇몇 유사한 별들의 거리도 이미 다 밝혀졌다. 맥동성 중에서도 이렇게 거문고자리 RR와 유사하면서 거리까지 밝혀진 별들만 모아보면, 이 별들의 실제 밝기가 태양의 약 100배에 달하며 그 점에서 모두 동일하다는 사실을 알게 되었다. 그런데 구상성단 중에는 이러한 유형의 변광성이 꼭 포함되어 있다. 만약 그 변광성, 그리고 거문고자리 RR와 유사한 특성을 보이는 지구 근방의 변광성이 같은 종류라고 가정해보자. 그렇다면 구상성단에 포함되는 이러한 유형의 변광성의 실제 밝기도 태양의 약 100배여야 하므로 이 별들의 겉보기 밝기를 알 수만 있다면 구상성단의 거리를 계산할 수 있다.

 구상성단의 거리는 이와 같은 방법으로 유추한 것이며, 그와 함께 우리 은하의 크기도 구할 수 있었다. 또한 태양이 은하계 외곽에 위치하고 있다는 사실도 밝혀냈다. 맥동성인 거문고자리 RR는 은하의 크기를 측정하는 데 매우 커다란 역할을 하고 있다. 이러한 유형의 변광성을 거문고자리 RR형 변광성이라고 부르는데, 구상성단 안에서 계속해서 많이 발견되고 있기 때문에 성단형 변광성이라고 부르기도 한다. 이처럼 맥동성은 우주 안에서 우리 지구의 위치를 결정하는 지표이며, 어두운 밤에 배의 눈이 되어주기 위해 끊임없이 깜빡이는 등대나 다름없다.

진공

구상성단의 거리를 구하고 그 공간적인 분포를 살피면 우리 은하의 크기를 추정할 수 있다. 그러나 이러한 새플리의 계산법으로 구한 우리 은하의 지름은 20만 광년인데, 현재 우리가 알고 있는 우리 은하의 지름인 10만 광년보다 갑절로 크다. 새플리 계산법의 오차는 별과 별 사이의 공간이 완벽한 진공 상태라는 가정 때문에 발생했다. 별과 별 사이의 공간이 완벽한 진공 상태가 아니라는 사실은 거리의 오차를 발생시킨 원인을 밝히기 위해 중요한 근거가 되지만, 우리 은하의 구조와 별의 진화에도 깊은 관련이 있다.

진공이란 아무런 물질도 없다는 뜻이다. 인간이 지상의 실험실에서 만들어낼 수 있는 진공 상태는 대개 기압으로 따졌을 때 100만분의 1mb(밀리바) 정도다. 지상의 기압은 약 1,000mb이므로 진공 내부의 밀도는 공기의 10억분의 1이다. 그러나 지구의 공기라 할지라도 상층부로 갈수록 점점 희박해져 지상 10㎞ 부근에서는 공기의 밀도가 지상의 3분의 1, 그리고 로켓 관측에 의하면 지상 100㎞ 부근에서는 공기 밀도가 지상의 100만분의 1, 지상 200㎞ 부근에서는 공기 밀도가 지상의 100억분의 1이 된다고 한다. 지구의 공기는 지상에서 멀어질수록 이렇게 점점 줄어들기 때문에 예를 들어 지구와 태양 사이는 완전한 진공 상태로 봐도 무방하다. 하물며 태양과 그다음 별의 사이는 몇 광년에 달하는데, 그 드넓은 공간에 물질이 전혀 존재하지 않으리라는 발상은 어쩌면 당연하다. 그러나 안타깝게도 별과 별 사이의 공간에 아무런 물질도 존재하지 않는다는 발상은 틀렸다. 그 증거는 다음과 같다.

우리 은하가 거대한 별의 집단인 것처럼 우주에는 우리

은하와 닮은 거대한 별의 집단이 더 존재한다. 그 하나하나가 작은 우주라고 가정하고, 이들을 '섬우주'라고 부르도록 하자. 이러한 섬우주가 우리 눈으로 보았을 때 어떻게 분포하고 있는지 조사해보면, 은하수를 따라 이어진 띠 내부에는 섬우주가 전혀 보이지 않는다는 사실을 알 수 있다. 섬우주는 우주의 아득히 먼 곳에 위치한 은하계와 유사한 존재다. 그러한 섬우주가 은하수 방향에서만 전혀 보이지 않는 이유는 섬우주 스스로의 분포가 은하수를 멀리하는 것이 아니라 은하수 주변을 따라 물질이 존재하기 때문에 섬우주가 잘 보이지 않는 것이다. 옅은 안개가 땅 위에 짙게 깔려 있으면 하늘은 잘 보여도 지표면을 따라서는 멀리까지 잘 보이지 않는 현상을 떠올리면 된다. 즉, 우리 은하는 원반처럼 별들이 분포해 있으며, 별과 별 사이의 공간에 빛을 약화시키는 물질이 존재하고 있다.

별과 별 사이에 물질이 있어 빛을 약하게 한다면, 멀리 있는 존재는 실제보다 어둡게 보여야 한다. 예를 들어 실제 밝기가 태양의 100배라고 알려진 별이라고 해도 도중에 빛이 약해져서 지구에 도달한다면 거리가 멀어서 어둡게 보이는 것 이상으로 훨씬 어둡게 보일 것이다. 만일 도

중에 빛을 약하게 하는 물질이 존재한다는 사실을 모른 채 눈에 보이는 겉보기 밝기와 그 별이 보유한 실제 밝기로부터 거리를 계산하게 되면 실제 거리보다 더욱 멀다는 착각에 빠지고 만다. 섀플리가 추정한 우리 은하의 크기가 지나치게 컸던 까닭도 여기에 있다.

별과 별 사이의 물질은 이러한 착각을 일으킬 만큼 중요한 의미를 지니고 있다. 또한 은하의 원반 내부에 위치한 지구에서 은하의 가운데 쪽을 바라본다고 해도 은하계 중심 부근에 있는 별은 물론, 중심부조차 볼 수 없는 이유도 별과 별 사이에 존재하는 물질 때문이다. 캅테인이 별에만 의존하여 예측했던 은하가 태양 중심이며, 또 그 크기가 실제보다 훨씬 작았던 데도 이러한 사정이 있었던 것이다.

이처럼 별과 별 사이에 존재하는 물질을 '성간물질'이라고 한다. 성간물질은 지금까지 이야기한 것처럼 커다란 영향력을 자랑하지만, 그 밀도만큼은 매우 작다. 지상의 공기 밀도는 물의 1,000분의 1인데 성간물질의 밀도는 물을 1이라고 했을 때 0.000… 하고 0을 스물네다섯 번 붙여야 한다. 이처럼 희박한 밀도는 지상에서 실현 가능한 최선의 진공 상태와 현격한 차이가 나는데, 진정한 진공 상태가 무엇인지 보여준다. 그러나 이토록 희박한 물질도 몇만 광년이라는 긴 거리를 거쳐 지구에서 바라보기 때문에 놀랍게도 빛을 방해하는 작용을 하게 된다. 극단적인 진공 상태와 드넓은 공간이 합심하여 이루어내는 현상을 우리가 경험하는 셈이다.

성간물질은 그 밀도가 매우 희박하다. 그러나 은하 전체에 존재하는 성간물질을 모두 합치면 꽤 많은 양이 된다. 은하 전체의 질량은 태양의 1,000억 배라고 알려져 있는데 그중의 몇 할, 아마도 3분의 1 정도가 성간물질이라고 한다. 은하 내부에 성간물질이 이토록 많이 존재한다는 점, 그리고 성간물질이 별과 마찬가지로 은하 내부에 원반 형태로 존재한다는 점, 바로 이 두 가지가 성간물질의 두드러진 특징이다.

2. 두 개의 종족

안드로메다

가을철 밤하늘을 올려다보면, 머리 위에 밝은 별들로 이루어진 커다란 사각형이 보인다. 바로 천마 페가수스의 몸통인데, 천문도와 비교해보면 목, 다리, 꼬리 등을 알 수 있을 것이다. 그중에서 뒷다리를 따라 시선을 이동하다 보면 얼핏 별처럼 보이지만 자세히 보면 다른 별보다 형태가 흐릿한 천체가 눈에 들어온다. 그 주위의 별자리는 안드로메다 별자리이고, 육안으로 볼 때 흐릿하게 보인다는 이 천체가 바로 지구와 이웃한 섬우주, 안드로메다 은하다.

소형 망원경으로 보면 안드로메다 은하는 타원형으로 보이는데, 더욱 자세히 관측해보면 책의 서두에 실은 사진과 같이 소용돌이, 즉 나선 형태를 띠고 있는 것을 알 수 있다. 먼 옛날, 망원경으로 안드로메다 은하를 처음 발견했을 무렵에는 안드로메다 은하가 아주 빠른 속도로 회전하고 있는 뜨거운 가스 덩어리라고 상상하며, 이러한 가스 덩어리에서 태양계가 탄생했다고 믿었다. 독일의 철학자 칸트Immanuel Kant와 프랑스의 천문학자 라플라스Pierre

Simon Marquis de Laplace가 주장한 태양계의 기원은 안드로메다 은하가 소용돌이치는 가스 덩어리라는 상상에서 비롯된 가설이었다.

그러나 망원경이 더욱 발달하면서 안드로메다 은하가 작은 가스 덩어리가 아니라는 사실이 점점 확실해졌다. 하지만 이 성운이 우리 은하에 필적할 만한 섬우주 중 하나라고 이야기하기 시작한 때는 지구로부터의 거리 측정에 성공한 이후다. 안드로메다 은하까지의 거리를 측정하는 데는 다시 한 번 맥동성이 등장한다. 역시나 깜빡이는 등대 역할이다. 그리고 이번 주역은 세페우스자리 델타다.

세페우스자리 델타는 5.366일을 주기로 빛이 변하는 변광성이다. 빛의 양이 늘어날 때는 그 속도가 빠르고, 빛의 양이 줄어들 때는 속도가 느리다는 점은 거문고자리 RR와 동일하다. 세페우스자리 델타의 다른 점이라면, 며칠도 아니고 수십 일의 주기를 보유한 비슷한 유형의 변광성이 주기가 긴 별일수록 실제 밝기가 밝다는 사실이다. 거문고자리 RR와 같은 유형의 별에서는 주기가 0.5일이든 1일이든 실제 밝기가 모두 태양의 약 100배였다. 세페우스자리 델타와 같은 유형의 별은 빛이 변하는 주기에 따라 실제 밝기가 달라지지만, 주기를 측정하면 실제 밝기를 알 수 있다는 점에서 충분히 등대 역할을 한다.

거대한 망원경으로 우주를 관측할 수 있게 되면서 안드로메다 은하에서 위와 같은 유형의 변광성이 더 발견되었다. 그리고 앞서 이야기한 관계를 적용시키면 별 하나하나의 겉보기 밝기와 변광 주기로부터 성운의 거리를 구할 수 있게 되었다. 이렇게 구한 안드로메다 은하의 거리는 68만 광년, 실제 지름은 약 4만 광년이다. 우리 은하의 지름이 10만 광년이므로 안드로메다 은하는 우리 은하의 절반 정도인 셈이다. 안드로메다 은하가 우리 은하에 필적하는 섬우주 중 하나라는 사실은 바로 이러한 이유 때문이다.

광활한 우주의 비밀은 안드로메다 은하의 연구를 토대로 조금씩 조금씩 밝혀지고 있다. 안드로메다 은하의 거리를 세페우스자리 델타와 같은 유형의 변광성을 이용해 확실히 알게 된 것은 윌슨산 천문대에 있는 100인치 망원경의 위력과 이 망원경을 자유자재로 활용하여 성운의 세계에 깊게 다가선 미국의 천문학자 에드윈 허블Edwin Powell Hubble의 공적이라고 해도 과언이 아니다.

1925년 무렵, 허블과 그 주변 학자들의 연구 이후로 안드로메다 은하의 거리는 68만 광년이라고 믿게 되었다. 그리고 이 측정 결과는 우주의 크기를 가늠하는 기본적인 척도가 되었다. 그런데 몇 년 지나지 않아 이 척도가 두 배 이상이나 틀렸다는 사실이 밝혀졌다. 안드로메다 은하의 거리는 더 이상 68만 광년이 아니라 그 두 배에 달하는 150만 광년이었던 것이다. 기본적인 척도에 오류가 있었으니 그 수치를 바탕으로 측정한 우주의 크기 역시 다시 계산해야 했다. 우리가 살고 있는 우주는 이때까지 알고 있던 크기보다 실제로는 두 배 이상 더 컸던 것이다. 어쩌다가 이렇게 두 배가 넘는 오류가 발생했던 걸까? 그 이유는 깜빡이는 등대 역할을 한다고 믿었던 세페우스자리 델타 유형의 변광성에 사실은 두 개의 그룹이 존재한다는 사실이 밝혀지면서 '등대'의 실제 밝기에 착오가 있었기 때문이다. 방금 이야기한 두 개의 그룹은 세페우스자리 델타 유형의 변광성에만 존재하는 것이 아니라 별, 성단, 넓게는 모든 천체가 두 그룹 중 어딘가에 반드시 속해 있을 만큼 매우 기본적인 분류다. 그리고 이러한 그룹을 가리켜 '종족'이라고 칭하기 시작했다. 크게 말해 우주의 모든 천체는 두 종족으로 나누어 생각할 수 있다. 천체의 종족이란 과연 무엇인지, 별의 진화와 얼마나 깊은 관련이 있는지, 이 문제를 자세히 짚어보겠다.

구상성단

구상성단球狀星團이라는 단어는 지금까지 여러 번 등장하여 이미 익숙해졌을 것이다. 구상성단은 책의 서두에 실은 사진과 같이 수만도 아닌, 수십만 개의 별들이 구 형태로 밀집해 있는 것을 말한다. 앞에서 이야기한 대로 구상성단들은 공간적인 분포 역시 구의 형태를 띠고 있으며, 원반처럼 은하면에 모여 있는 별들을 커다랗게 포함하고 있다. 두 개의 종족이라는 개념은 바로 이 구상성단에서 출발했다.

별 하나하나의 실제 밝기와 온도를 측정한 후, 각각의 수치를 가로축과 세로축을 따져 그린 도표를 H-R도라고 한다는 사실은 앞에서 이미 설명했다. 그림 6은 지구에 근접한 별들로 작성한 H-R도이며, 그림 7과 그림 8은 산개성단이기도 한 묘성과 히아데스 성단의 별들로 작성한 H-R도다.

이 세 개의 H-R도는 상당히 닮아 있으며, 거의 모든 별들이 왼쪽 상단에서 오른쪽 하단을 향해 줄지어 분포하고 있다. 이처럼 줄지어 있는 별들을 주계열성이라고 부른다는 사실도 앞에서 소개한 그대로다. 다시 말하지만, 거의 대부분의 별들이 주계열에 속해 있다.

묘성의 별들을 측정하여 표시했던 방식을 이용하면, 구상성단에 대해서도 H-R도를 그릴 수 있다. 눈으로 보았을 때의 겉보기 밝기를 실제 밝기로 고치려면 성단까지의 거리를 반드시 알아야 하는데, 구상성단의 거리는 성단형 변광성, 즉 거문고자리 RR 유형의 변광성의 밝기를 기준으로 계산하므로 각 별들의 실제 밝기를 구할 수 있다.

그럼 대표적인 구상성단으로 M3이라고 부르는 성단을 소개하겠다. M3, 다시 말해 메시에가 작성한 성운과 성단의 목록 중에서 세 번째 항목에 기재되어 있는 이 성단은 사냥개자리에 위치하고 있으며, 지구와의 거리는 약 4만 광년이다. 실제 지름이 약 60광년에 달하는 구 내부에 대략 4만 개의 별들을 포함하고 있는 전형적인 구상성단이다. 그림 9는 팔로마 천문대의 200인치 망원경에 광전관을 부착하여 관측한 후 작성한 M3의 H-R도다. 이 도표

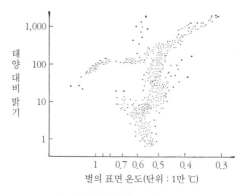

태양 대비 밝기

별의 표면 온도(단위 : 1만 ℃)

[그림 9] 구상성단 M3의 H-R도

에서 가장 어두운 별은 태양의 0.8배 밝기를 지닌 별인데, 4만 광년이나 떨어져 있는 탓에 눈으로 확인되는 밝기는 21등성이다. 즉, 맨눈으로 볼 수 있는 한계치의 별에 비해 겨우 100만분의 1 정도의 밝기다.

그림 9를 그림 6, 그림 7, 그림 8과 비교해보면 그 차이가 더욱 확실해진다. 조금 더 명확한 대조를 위해 그림 6과 그림 8로 대표되는 H-R도와 그림 9의 H-R도에 표시된 점들을 선으로 본 딴 후에 그림 10처럼 하나의 도표에 함께 그려보았다. 검게 색칠한 선은 한눈에 알아보겠지만 지구에서 가까운 별들과 묘성과 같은 산개성단이 보이는

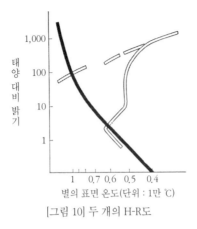

태양대비밝기

1,000
100
10
1

1 0.7 0.6 0.5 0.4
별의 표면 온도(단위 : 1만 ℃)

[그림 10] 두 개의 H-R도

H-R도이며, 곡선 내부를 하얗게 비워둔 선은 이후에 등장한 구상성단의 H-R도다. 검은색 선은 왼쪽 상단에서 오른쪽 하단으로 이어진 하나의 선이 특징적인 데 비해 흰색 선은 사람 인人 자를 비스듬히 눕힌 듯한 형태를 보인다.

둘 다 별의 밝기와 온도를 측정했지만, 그 별들이 속한 집단의 차이 때문에 H-R도가 이처럼 다르게 나타난 것이다. 산개성단이든 구상성단이든 모두 별의 집단이면서 H-R도가 전혀 다른 이유는 검은색 선이 불규칙한 집단인 데 반해 흰색 선은 정렬되어 구 형태로 모여 있다는, 단순히 겉으로 드러나는 차이 때문만은 아니다. 두 성단 사이에는 뭔가 본질적인 차이가 분명히 존재한다. 또한 산개성단과 지구 근방의 별들이 같은 경향의 H-R도를 보인다는 사실은 이들이 본질적으로 같다는 사실을 알려준다. 우리가 두 개의 종족이라고 부르는 것도 이처럼 본질적인 차이에 의한 구분이다. 구상성단과 같은 종족을 '종족Ⅱ', 지구 근방의 별이나 산개성단과 같은 종족을 '종족Ⅰ'이라고 부른다.

오렌지색 필터

망원경이 발달하기 시작한 무렵에 안드로메다 은하는 나선 형태의 가스 덩어리로만 보였다. 그 후 성운 안의 밝은 별들을 하나하나 개별적으로 관측할 수 있게 되었고, 특히 변광성이 발견되면서 안드로메다 은하의 거리를 추정할 수 있게 되었다.

그러나 위에 적은 이 문장은 사실 정확하지 않다. 밝은 별이 각각의 개별적인 별로 분리되어 보였던 것은 사실 안드로메다 은하의 바깥쪽 부분에 한정되었기 때문이다. 성운의 중심부를 차지하고 있는 밝은 부분은 아무리 주의 깊게 사진을 찍어도 그곳의 별이 보이지 않았다. 또한 서두에 실린 사진에서 볼 수 있듯이 성운의 바로 옆에 두 개의 타원형 성운이 있다. 이 성운들은 본체에 해당하는 안드로메다 은하에 비하면 지름이 수십분의 1밖에 되지 않을 만큼 작은 '반성운伴星雲, 중첩되거나 연이어 있는 두 은하 가운데 질량이 작은 쪽의 은하-역자 주'인데 이들에게서도 별의 모습은 보이지 않았다. 안드로메다 은하의 중심부도 이 반성운들도 절대 가스 덩어리가 아니라는 사실은 이미 밝혀져 있었지만, 그 내부의 밝은 별들은 개별적인 별로서 분리되어 있지 않았던 것이다.

1942년 가을은 팔로마 천문대의 200인치 망원경이 아직 완성되지 않았을 무렵이었다. 당시 세계 최대 망원경이었던 윌슨산 천문대의 100인치 망원경을 사용해 안드로메다 은하를 별 단위로 분해하려 했던 사람은 독일의 천문학자 월터 바데였다. 윌슨산 천문대의 기상 상황은 가을에 가장 좋다. 바데는 그중에서도 기상 상황이 가장 좋은 밤 시간대를 며칠이나 할애하여 안드로메다 은하와 반성운의 사진을 찍는 데 성공했다. 만일 우리의 상상을 덧붙일 수 있다면, 그 무렵은 제2차 세계대전 초기였는데 일본군 잠수함의 기세가 등등하자 미국의 서쪽 해안 지역에 모든 전등을 소등하는 '등화관제'를 실시했던 것이 아닌가 싶다. 그래서 로스앤젤레스 도심의 불빛에 방해받지 않고 원하는 대로 오랫동안 노출을 지속할 수 있었을 것이다.

이러한 좋은 조건에도 불구하고 기대했던 위치에서 별은 결국 보이지 않았다. 그러자 바데는 촬영 조건을 바꿔 보기로 했다. 구상성단은 별개로, 지구 근방의 별이나 산개성단 내부의 가장 밝은 별은 H-R도 안에서 왼쪽 상단 쪽에 있다. 즉, 밝은 별은 온도가 높고 청백색이므로 이전까지는 계속 청백색에 감도가 좋은 사진 건판을 이용해왔다. 만약 기대했던 위치의 별들이 구상성단과 같은 H-R도를 보인다면, 그림 10을 통해 알 수 있듯이 가장 밝은 별은 오히려 온도가 낮은 별이어야 한다. 그리하여 이듬해인 1943년 가을, 좀 더 붉은색을 잘 감지하도록 모든 빛에 대해 감광하는 팬크로매틱 필름에 오렌지색 필터를 부착하여 노출하기 시작했다. 그리고 그 결과, 성운에서 별의 모습을 분리할 수 있게 되었다. 안드로메다 은하 중심부의 핵 부분에서도, 또 반성운에서도 가장 밝은 별은 청백색이 아닌 오렌지색이었다.

안드로메다 은하 중에서도 바깥쪽은 청백색 별이 가장 밝고, 중심의 핵 부분은 오렌지색 별이 가장 밝다. 이 사실과 그림 10만을 고려하여 안드로메다 은하의 바깥쪽은 종족 I 의 별에서 생겨났고, 중심의 핵 부분이 종족 II 의 별에서 생성되었다고 믿는 것은 어쩌면 조금 이른 판단일지 모른다. 왜냐하면 안드로메다 은하의 중심 핵 부분의 H-R도는 가장 밝은 부분이 구상성단과 닮았지만, 관측되지 않는 훨씬 어두운 별도 같은 형태를 보인다는 증거가 없기 때문이다. 다시 말해 종족 I 과 종족 II 외에 종족III이 존재할지 모른다는 이야기다. 그러나 현재까지도 우리는 바데의 의견을 따라 안드로메다 은하의 중심 핵 부분이 종족 II 라고 추측하고 있다. 안드로메다 은하의 두 반성운 역시 구상성단과 마찬가지로 종족 II 라고 믿고 있다. 이렇게 해서 성운을 구성하는 별에도 종족의 구분이 있다는 사실을 알게 된 것이다. 있는 그대로 말해 구상성단과 산개성단의 H-R도 사이에 차이가 있다는 사실을 밝혀낸 때는, 그리고 이 성단들이 종족이라는 개념으로까지 확장된 때는 바데가 안드로메다 은하의 중심 핵을 분해하여 처음으로 주장한 이후였다.

구와 원반

구상성단과 산개성단이 전혀 다른 H-R도를 보인다는 사실은 그림 10에서 밝혀졌다. 그리고 그것이 본질적인 구별이라 여겨 종족이라는 개념이 탄생했다. 종족은 각각의 성단에 속한 별에도 해당되는 것이며, 성단 자체에도 해당된다. 산개성단은 종족 I 의 천체이고, 구상성단은 종족 II 의 천체이다. 안드로메다 은하에는 종족 I 과 종족 II 가 모두 공존하지만, 중심 핵은 순전히 종족 II 이며 바깥쪽은 모두 종족 I 로 제각각 존재하는 위치가 다르다. 안드로메다 은하의 반성운은 종족 II 의 천체이다. 별과 별의 집단을 종족으로 구별하는 관점에서 우리 은하를 다시 한 번 멀찌감치 떨어져서 바라보도록 하자.

은하 안에서 구상성단이 종족 II, 산개성단이 종족 I 이라는 사실은 명확하게 밝혀졌다. 앞에서 여러 번 이야기했듯이 구상성단은 원반 형태로 모여 있는 은하의 별 전체를 뒤덮을 만큼 커다란 구 안에 분포되어 있다. 바꿔 말해 별은 원반 형태로 모여 있고, 구상성단은 구 형태로 모여 있는 것이다. 또 산개성단은 은하수 근처에 많다고 이야기했는데 이 사실은 산개성단의 분포가 원반 형태라는 점,

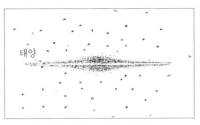

[그림 11] 우리 은하의 측면도

즉 별의 분포와 닮아 있음을 의미한다. 이 사실들을 통해 두 종족의 천체는 은하 안의 공간적 분포가 서로 다르다고 추론할 수 있다. 종족이 다른 천체는 H-R도가 다를 뿐만 아니라 공간적 분포 역시 다르다는 발상이다. 다시 말해 종족 I 은 원반 형태로 분포하고, 종족 II 는 구 형태로 분포하고 있다는 것이다. 이 말은 반대로 어떤 천체가 공간적으로 어떻게 분포되어 있는지에 따라 그 천체가 어느 종족에 속하는지를 알 수 있다는 뜻이기도 하다.

성간물질을 예로 들어보자. 성간물질은 문자 그대로 별과 별 사이에 존재하는 희박한 물질인데, 그 분포가 별의 분포와 마찬가지로 은하계 원반부의 중심면인 은하면銀河面에 모여 있다. 그러므로 앞에서 말한 분류 규칙에 의하면 성간물질은 종족 I 에 속한다고 볼 수 있다.

홍미로운 사실은 안드로메다 은하를 잘 보면 여기에도 성간물질이 존재하지만, 그중에서도 나선팔(Spiral Arm, 나선은하의 별이나 성간물질의 가스가 소용돌이 형태로 분포된 부분-역자 주)을 따라 존재하며 나선은 성운의 바깥쪽에만 나타난다. 안드로메다 은하의 중심 핵 부분은 나선 형태가 아니고, 성간물질도 매우 적다. 그리고 안드로메다 은하의 반성운에도 성간물질이 보이지 않는다. 또 한 가지 재미있는 사실이 있다. 성간물질은 별과 별 사이의 물질이지만, 구상성단 안의 별과 별 사이에는 '전혀'라고 해도 좋을 만큼 성간물질이 존재하지 않는다. 성간물질을 종족 I 이라고 생각한 이유는 공간적으로 보았을 때 원반 형태로 분포하고 있기 때문인데, 종족 II 의 천체에는 성간물질이 존재하지 않는다. 그러므로 성간물질을 종족 I 이라고 여기는 것도, 공간적 분포로 종족을 구분하는 것도 모두 옳은 생각으로 보인다.

성단형 변광성, 즉 0.5일부터 1일 정도의 주기로 팽창과 수축을 반복하는 별은 구상성단에 많이 존재하기 때문에 이들은 종족 II 에 해당한다. 그런데 거문고자리 RR 유형의 별이 구상성단에서 멀어져 지구와 꽤 근접한 위치에 존재하는 것은 조금 이상한 일이다. 종족의 관점에서 생각하면 모순이기 때문이다.

그러나 조금 더 자세히 조사해보니 거문고자리 RR는 역시나 종족Ⅱ의 별이라는 사실을 알게 되었다. 바로 다음과 같은 이유에서였다.

은하에 속한 별들이 원반 형태로 모여 있다는 사실은 앞에서 여러 번 설명했다. 그리고 그 원반은 자전 운동을 하고 있다. 원반이 자전하고 있다는 말이 어쩌면 오해를 불러일으킬지도 모르겠다. 원반 형태로 모여 있는 별들은 서로 간의 위치 관계를 흩뜨리지 않은 채 돌고 있는 것이 아니라 바깥에 있는 별일수록 일주하는 데 긴 시간이 걸리는 방식으로 돌고 있다. 게다가 별은 그 밖에도 저마다 제멋대로 운동하고 있기 때문에, 예를 들어 태양에서 볼 때 다른 별들이 조금씩 움직이는 듯이 보이는 것이다.

그러나 여러 명의 달리기 주자가 똑같은 트랙을 돌고 있다면, 그 속도가 조금씩 달라도 서로의 위치 관계는 크게 다르지 않다. 트랙을 달리고 있는 사람의 입장에서는 함께 트랙을 달리는 사람들과 앞서거니 뒤서거니 하는 정도의 속도 차이는 있을지언정 트랙의 중심이나 바깥쪽에서 가만히 구경하는 사람들과 비교하면 서로 비슷한 속도로 비슷한 방향을 향해 달리고 있을 뿐이다. 만약 트랙의 중앙에서 바깥쪽으로 달리려는 사람이 있다면 그 사람의 움직임은 다른 사람들과 완전히 다르다.

거문고자리 RR는 수많은 다른 별들과 비교해 전혀 다른 운동을 하고 있다. 지구와 가까운 대부분의 별들은 태양과 함께 은하의 자전에 동참하고 있지만, 거문고자리 RR는 완전히 다른 운동을 한다. 그 운동을 추적해보면, 정확히 은하의 중심부에서 지구와 근접한 쪽으로 튀어나왔다가 다시 은하 중심 쪽으로 되돌아가는 듯한 운동이다. 만약 태양이나 그 밖에 수많은 별의 운동을 태양계 내부의 행성 운동에 비교해보면, 거문고자리 RR는 가느다랗고 긴 타원 운동을 하는 혜성이라고 생각할 수 있다. 은하의 중심 핵 부분은 성간물질에 의해 빛이 차단되기 때문에 정확히 판단할 수 없지만 안드로메다 은하의 관측으로부터 유추해보면 거문고자리 RR는 아마도 종족Ⅱ인 것으로 보인다. 최근에는 직접적인 증거도 조금씩 발견되고 있다. 거문고자리 RR는 모체인 은하 중심 핵에서부터 가느다랗고 긴 타원 궤도에 올라타 지구와 가까운 곳으로 놀러 나온 관광객인 셈이다. 지구 근방의 별들이 대부분 종족 I 임에도 불구하고 종족 II 의 별이 예외적으로 섞여 있는 것은 이러한 이유 때문이다. 관광객이나 다름없는 거문고자리 RR 와 그와 유사한 변광성들의 관측이 구상성단의 거리를 측정하는 발판이 되고, 그 덕분에 우리 은하의 크기를 알게 된 것은 참으로 다행스러운 일이다.

3. 소용돌이치는 은하계

소용돌이

책 서두의 사진에서 볼 수 있듯이 안드로메다 은하는 아름다운 소용돌이, 즉 나선(螺線, 공간에서의 나사 모양 곡선-역자 주) 형태를 보인다. 그 밖에도 나선 형태를 한 성운의 사진을 본 적이 있을 것이다. 우리 은하도 외부에서 보면 나선 형태를 하고 있다고 상상할 수 있지만, 산속에 들어가서 산 전체를 바라볼 수 없듯이 은하 안에 있는 우리는 은하의 소용돌이에 대해 긴 세월 동안 알지 못했다. 그러나

1950년대 초반에 돌연 나선팔의 존재가 밝혀졌고, 우리 지구가 몇 가닥의 나선팔 중 어딘가에 위치하고 있다는 사실도 알게 되었다. 그 추정의 밑바탕에는 천체에 두 종족이 존재한다는 연구 결과가 깔려 있다.

안드로메다 은하를 통해서도 알 수 있듯이 나선 형태는 성운의 바깥쪽에만 나타난다. 또한 안드로메다 은하의 반성운에도 나선팔이 없다. 우리가 앞에서 쭉 이야기한 것처럼 나선팔은 종족 I 의 특징이다. 그러므로 우리 은하의 나선팔을 찾고 싶다면, 종족 I 에 속해 있으면서도 발견하기 쉬운 지표를 찾아야 한다. 안드로메다 은하를 예로 들어 이야기하면 나선팔에는 성간물질이 존재하며, 또 청백색의 밝은 별들이 늘어서 있다. 우리 은하에서도 이러한 지표를 찾아내는 데 성공한다면, 나선팔의 존재를 확인할 수 있을 것이다.

1952~1953년 무렵, 몇몇 연구 팀이 잇따라 우리 은하의 나선팔을 발견했다. 바로 위에서 이야기한 대로 성간물질과 청백색의 밝은 별이라는 두 개의 지표 중 무언가를 찾아내는 데 성공했기 때문이다. 이번에는 여러 연구 팀의 발견 중에서 두 가지를 골라 우리 은하의 소용돌이를 어떻

게 발견했는지 소개하겠다.

그중 하나는 오리온자리를 설명하며 언급했던 흩날리는 별 무리다. 청백색의 밝은 이 별들은 당연히 종족 I 에 속한 젊은 별이라는 특징이 있고, 별들의 거리는 약 1,600광년에 달한다는 사실도 밝혀졌다. 이 흩날리는 별 무리는 성간물질을 모체로 하여 탄생했다고 추측하고 있기 때문에 성간물질과의 연관성도 매우 밀접할 수밖에 없다. 이들 별 무리 몇 개를 이용하여 나선팔을 찾아낸 주인공은 미국 여키스 천문대Yerkes Observatory의 윌리엄 모건William Wilson Morgan을 중심으로 한 연구 팀이었다.

반면에 대상은 성간물질로 같지만, 지금까지와 전혀 다른 전파천문학에 기초해 나선팔 구조를 밝혀낸 이들은 네덜란드 학파였다. 이들의 이야기를 조금 더 자세히 해보도록 하자.

21cm

빛이 아닌 전파를 이용하여 천체와 우주의 모습을 밝히고자 하는 전파천문학에 대한 이야기는 앞에서도 소개한

바 있다. 초신성의 흔적이면서 지금도 매초 일천수백 ㎞
의 속도로 계속해서 가스가 팽창하고 있는 황소자리 A, 또
2억 광년 떨어진 곳에서 두 개의 섬우주가 충돌하고 있는
백조자리 A 등 전파 별의 이야기를 기억하고 있을 것이
다. 전파로 보면 빛으로는 상상조차 할 수 없었던 수많은
새로운 모습을 우주가 드러내기 시작한 것이다. 은하계
나선팔에 대해서도 지구 근방에서는 빛을 이용한 탐구와
거의 동등한 성과를 내고 있으며, 빛이 중간에 다른 물질
에 가려지는 바람에 관측이 불가능했던 은하 반대쪽 나선
팔의 이런저런 모습도 전파를 통해 비로소 알게 되었다.

　은하의 나선팔을 탐구하기 위한 전파는 전파 별을 관측
할 때의 전파와 조금 다르다. 전파 별은 모든 파장의 전파
를 내뿜고 있다. 받는 파장이 다를 때 전파 별의 전파 강도
가 어떻게 달라지느냐는 전파 별의 본질을 구명하는 데 매
우 중요하다. 그래서 최대한 다양한 파장으로 관측할 필
요가 있지만, 특별히 어떤 파장을 받아야 전파를 받을 수
있는 것은 아니다.

　그러나 은하의 나선팔을 찾을 때의 전파는 그 파장이 무
엇인지가 매우 중요하다. 마치 어느 특정한 파장으로 비

밀 통신을 하고 있는 발신국을 밝혀내는 것과 유사하다. 우주의 비밀 발신국이 내보내는 파장은 사실 정해져 있다. 그것은 수소 원자가 내뿜는 파장인 21.1062㎝의 통신이다. 발신국이 내보내는 파장은 정해져 있지만, 그 발신국이 이동하고 있기 때문에 우리가 받아들일 때의 파장은 원래 파장에서 조금 어긋나 있다. 발신국이 움직일 때 우리가 받는 파장이 어긋나는 이유는 여행 중인 사람이 여행지를 옮겨 다니며 매일 편지를 보내는 이야기에서 설명한 그대로다.

　파장 21.1062㎝의 전파는 성간물질의 주성분인 수소 가스가 발신하는 전파다. 성간물질은 나선팔에 특히 많이 모여 있기 때문에 이 파장의 전파를 발산하고 있는 수소 가스를 연구하면 나선팔의 구조를 알아낼 수 있다. 수소 가스는 은하가 회전함에 따라 함께 움직이며, 그때 지구도 함께 움직인다. 그 운동의 차이를 파장의 어긋난 정도를 이용해 측정하면 수소 가스의 위치를 구할 수 있다. 책에서는 그 측정 과정은 자세히 설명하지 않으려고 한다. 다만 수소가 내뿜는 파장, 약 21㎝라는 특별한 파장을 이용함으로써 은하의 소용돌이 구조가 매우 분명해졌다는 사실만큼은 강조하고 싶다.

빛과 파장이라는 두 가지 수단을 이용하게 되면서 은하의 소용돌이 구조는 점점 더 명확해지고 있다. 이미 밝혀진 사실이지만, 우리 은하는 적어도 여섯 개의 나선팔을 보유하고 있다. 만약 저 멀리서 우리 은하를 바라볼 수 있다면 마치 안드로메다 은하처럼 보일 것이다. 여섯 개의 팔 중에 세 개는 은하 중심부에 있고, 나머지 세 개는 바깥쪽에 있다. 지구는 두 개의 팔 사이에 위치하고 있는데 안쪽 팔보다 바깥쪽 팔에 훨씬 가깝고, 더 정확하게는 바깥쪽에 있는 팔의 가장자리 부분에 있다. 어쩌면 그 팔에 감싸져 있다고 말하는 편이 더 정확한 표현일지도 모르겠다.

우리 은하의 모양

지구가 속해 있는 우리 은하의 모습은 은하수가 띠처럼 하늘을 한 바퀴 돌고 있는 모습에서 상상되듯 별이 원반 형태로 모여 있다는 발상에서 출발했다. 수많은 별들은 분명 원반 형태로 모여 있지만, 원반 형태만이 은하의 모습은 아니다.

III. 은하계의 구조   151

은하의 실제 크기를 구하기 위해 구상성단에 주목한 후, 구상성단이 구 형태의 공간적 분포를 보이고 있다는 점에서 그 구의 중심이 편평한 은하의 중심이기도 하다는 생각으로 은하의 크기를 추정하는 방법은 앞에서도 소개한 섀플리의 방식이었다. 그러나 구상성단의 분포가 보여주는 커다란 구는 섀플리의 방식에서 보조적 수단으로 이용되었을 뿐, 이른바 원반 형태 은하의 액세서리에 불과했다.

종족이라는 새로운 개념으로 바라본다면, 원반 형태의 별 집단은 종족 I 에 속하고, 구상성단의 형태를 만드는 커다란 구는 종족 II 에 속하는 특징이다. 그런 의미에서 구 형태의 은하라는 개념은 편평한 은하와 대등하다. 그러나 구 형태의 은하는 단지 형식적인 측면 이상의 중요한 의미를 지니고 있다.

사진으로 보는 안드로메다 은하는 타원과 같은 형태를 띠고 있다. 원반 형태로 모여 있는 별 집단을 비스듬히 바라보고 있기 때문이다. 그러나 전파의 시선에서 바라본 안드로메다 은하는 원 모양이다. 즉, 전파에 의하면 종족 I 의 별 무리인 원반 외에 종족 II 천체의 상징인 구 형태로 보인다는 의미다. 은하에 대해서도 똑같은 사실이 밝혀졌다. 전파는 잰스키가 처음으로 발견했을 때 은하수를 따라서만 나타난다고 믿었다. 그러나 이후의 관측에 의하면 전파로 바라본 은하는 안드로메다 은하와 마찬가지로 구 형태라는 사실을 알게 되었다. 전파로 바라보았을 때 구 형태로 보인다는 말은, 구상성단이 차지하는 구 형태의 공간에서 무언가가 전파를 내보내고 있다는 의미다. 그것이 구상성단이 아님은 분명하다. 어쩌면 이 공간에 일반적인 성간물질보다 100배 이상 희박한 가스가 존재하며, 그 안에 포함된 빠른 속도의 전자가 게 성운과 똑같은 메커니즘으로 전파를 발산한다고 여겨지고 있다. 그 구상성단의 공간 안에는 구상성단 바깥에 점점이 독립되어 존재하는 별도 있다. 원반 형태의 별 집단 외부를 에워싸는 이 구를 평소에는 보이지 않는 태양의 가장 바깥층, 즉 코로나의 이름을 따서 '은하의 코로나'라고 부르기도 한다.

이처럼 구 형태를 띤 은하의 코로나는 단순히 전파만 내뿜고 있는 것은 아니다. 애초에 은하의 종족 I 인 원반과 종족 II 인 구가 공존하고 있다는 사실은 절대로 우연이 아니다. 두 개의 종족이 진화 과정 안에서 어떠한 연관성이 있으리라는 추측은 매우 당연하다. 뒤에서도 다루게 될 진화론에 따르면 종족 II의 천체는 우주가 창조되던 시기에 만들어졌고, 종족 I의 천체는 종족2의 천체가 모습을 바꿔 다시 태어난 것이다. 그러한 가설이 옳고 그른지는 다시 한 번 검증할 필요가 있지만, 구 형태를 띤 은하의 코로나가 진화론에서 차지하는 중요성만큼은 충분히 인정해줘야 한다.

4. 성운의 나라

두 배의 오류

안드로메다 은하는 우리 은하와 대등한 하나의 섬우주다. 오래전 우리는 안드로메다 은하까지의 거리가 68만 광년이라고 믿고 있었다. 그러나 지금은 그에 약 두 배인 150만 광년이라는 사실이 밝혀졌다. 안드로메다 은하는 지구에서 가장 가까운 섬우주로, 안드로메다 은하를 통해 알 수 있는 수많은 정보는 우주 전체를 공부하는 기초가 된다. 특히 안드로메다 은하까지의 거리는 우주의 크기를 측정하는 기선이 되어주기 때문에 거리가 두 배나 틀렸었다는 사실은 굉장히 치명적인 문제였다. 이전까지 발행된 서적에 실린 성운의 거리와 우주의 크기를 모두 수정해야 했기 때문이다. 도대체 어쩌다가 이처럼 커다란 오류가 발생한 걸까?

1943년 가을, 월터 바데가 윌슨산 천문대의 100인치 천문대를 사용해 안드로메다 은하의 중심 핵 부분에 있는 별을 최초로 촬영하는 데 성공했다. 그리고 이를 통해 천체가 두 종족으로 나뉜다는 사실이 밝혀졌고, 별의 진화를 논할 때도 혁명적인 발상이 시작되었다. 그 후 팔로마 천문대의 200인치 망원경이 완성되면서 바데는 이 거대한 망원경을 다시 한 번 안드로메다 은하로 향하게 했다. 안드로메다 은하의 중심 핵 부분과 반성운이 종족 II라면 전형적인 종족 II인 성단형 변광성이 있어야 한다. 구상성단의 거리를 구할 때 깜빡이는 등대 역할을 하는 성단형 변광성은 실제 밝기가 태양의 약 100배에 달한다. 계산에 따르면 68만 광년 떨어져 있는 이 정도 밝기의 별은 200인치 망원경으로 촬영할 수 있는 거리의 최대치 안에서 당연히 발견되어야 한다. 하지만 성단형 변광성은 단 하나도 발견되지 않았다.

이상한 점은 또 있었다. 돌연 밝아졌다가 며칠 후 서서히 빛을 잃는 신성은 은하 내부의 관측에 의하면 평균적으로 그 최대 광도가 태양의 약 6만 배인데, 안드로메다 은하에서는 그의 4분의 1 정도에 불과했다. 이러한 의문을 품고 바라보니 그 밖에도 이상한 점들이 수두룩하다는 사실을 깨달았다.

이유는 알 수 없지만 뭔가 잘못되었음이 분명했다. 그리고 모든 의문은 안드로메다 은하까지의 거리가 68만 광년보다 훨씬 멀다면 해결될 문제였다. 그러나 그 거리는 단 며칠도 아닌 십여 일을 주기로 팽창과 수축을 반복하는 별, 세페우스자리 델타 유형의 변광성으로 추정한 것이었다. 그렇다면 이 변광성으로 추정한 거리에 뭔가 오류가 있는 건 아니었을까?

얼마 후 바데와 그의 연구 팀은 세페우스자리 델타 유형의 변광성에 두 가지 종류가 있다는 사실을 알아냈다. 한 종류는 종족 I 에 속하고, 다른 한 종류는 종족 II 에 속한다. 처음으로 거리를 추정할 수 있도록 도와준, 즉 등대 역할을 하며 주기와 밝기와의 관계를 수립한 세페우스자리 델타 유형의 변광성은 사실 종족 II 이며, 안드로메다 은하 내부에서 발견한 같은 주기의 변광성은 종족 I 이다. 종족 I 변광성은 종족 II 변광성과 같은 주기인데도 종족 II 변광성에 비해 4배나 밝다는 사실을 모른 채 눈으로 느껴지는 밝기로 거리를 산출했기 때문에 그 예상 거리가 절반이나 줄어든 것이다. 바데를 비롯해 그와 함께하는 학자들의 연구는 1952~1953년 무렵에 발표되었다. 안드로메다 은하는 150만 광년 너머로 밀려났고, 그와 동시에 실제 지름도 10만 광년으로 확대되었다. 다른 성운들의 거리도 모두 두 배 늘어나면서 200인치 망원경으로 볼 수 있는 우주의 최대 거리는 10억 광년에서 20억 광년으로 수정되었다. 그리고 나중에 더 자세히 설명하겠지만, 20억~30억 년으로 추정했던 우주의 나이 역시 두 배로 늘어나게 되었다.

섬우주

안드로메다 은하는 이처럼 은하와 대등한 섬우주라는 사실이 완전히 밝혀졌다. 우주에는 셀 수 없이 많은 섬우주가 존재한다. 200인치 망원경처럼 거대 망원경으로 촬영한 사진에는 별의 개수보다 성운의 개수가 더 많을 정도로 성운의 형태는 그 종류가 매우 다양하다. 어떤 성운은 원에 가깝고, 어떤 성운은 막대기처럼 가늘다. 그러나 어떤 성운은 정면이 지구를 향하고 있고, 어떤 성운은 측면을 보여주고 있다는 고려하면 나선팔을 보유한 성운과 나선팔이 전혀 없는 성운으로 크게 나눌 수 있다.

나선팔이 있는 대표적인 성운은 안드로메다 은하이다. 우리 은하도 아마 이 형태의 성운일 테지만, 똑같은 나선 성운이어도 나선팔이 훨씬 확장되어 있는 성운도 있다. 그러한 성운은 종족 II로 이루어져 있는 중심 핵 부분이 매우 작다. 나선팔의 변형으로는 알파벳 에스S 자처럼 휜 막대나선성운도 있다. 또한 소용돌이가 거의 분간되지 않는 불규칙형 성운도 존재한다.

나선팔이 없는 성운의 예로는 안드로메다 은하의 반성운을 들 수 있다. 이 반성운은 마치 모체인 안드로메다 은하의 중심 핵 부분만 떼어낸 것처럼 보인다. 나선팔이 없고 전체적인 형태가 타원형이어서 타원성운이라고 불리는데, 그와 반대로 나선팔을 보이는 성운을 나선성운이라고 부른다.

타원성운은 순수한 종족Ⅱ인 것으로 보인다. 타원성운에는 성간물질이 없고, 타원성운에 존재하는 별들의 H-R도는 아마도 구상성단의 H-R도와 일치할 것으로 추측하고 있다. 나선성운에는 안드로메다 은하를 소개하며 언급했듯이 종족Ⅰ과 종족Ⅱ가 공존하고 있는데, 그 분포에는 확실한 구별법이 있다.

똑같은 나선성운이어도 나선팔의 소용돌이 형태에 따라 종류를 나눌 수 있다. 그러나 타원성운과 나선성운, 그리고 막대나선성운을 통틀어 그림 17과 같이 하나의 계통으로 나열하는 것이 가능하다. 그림 17에서는 타원성운 중에서 비교적 원에 가까운 성운부터 타원에 가까운 성운, 그리고 나선팔이 발달되지 않은 성운과 나선팔이 극도로 발달한 성운 등의 순으로 줄지어 있다. 이 정렬법은 화성인이 지구를 구경하며 취했을 법한 방식이다. 이처럼 계통에 따라 성운을 분류하는 것은 매우 중요하다. 하지만 그림 17과 같은 도표 안에서 왼쪽에서 오른쪽으로 갈수록 성운이 진화했다고 확실하게 단정 지을 수는 없다. 연구 결과에 따르면 오히려 오른쪽에서 왼쪽을 향해 성운이 진화하는 것은 아닐까 추정되고 있기 때문이다.

성운의 집단

타원성운이든 나선성운이든 그 밖의 변형이든 모든 성운은 우리 은하와 대등한 섬우주다. 그리고 우주는 이 성운들도 이루어져 있다.

우주의 구성 분자인 성운은 단독으로 존재하기보다 집단을 이루고 있는 경우가 많다. 평균적으로 지름 500만 광년 정도의 공간 안에 200개의 성운이 모여 성운단을 형성하고 있는데, 그중에는 지름 100만 광년 정도의 공간에 수백 개의 성운이 밀집한 성운단도 있다. 그리고 지구와 아주 멀리 떨어져 있는 이 성운들과 성운단의 거리는 우주를 측정하는 최후의 기준이기도 한데, 이미 각 성운 내부의 변광성에 의해 측정이 불가능하다. 멀리 떨어져 있는 성운단의 거리는 그 안에 있는 성운의 평균 밝기와 성운단의 크기를 지구와 가까운 성운을 이용해 추정한 후, 그 가정을 발판으로 값을 구할 수 있다. 안드로메다 은하의 거리가 두 배로 늘어나면 성운단의 거리도 두 배 늘어나야 하며, 우주의 크기 역시 대대적으로 수정해야 하는 것도 바로 이러한 이유 때문이다.

성운이나 성운단의 거리를 알면, 그 수를 세어 성운이

대략 어느 정도 존재하는지 가늠할 수 있다. 우주 전체에 존재하는 성운은 전부 다 셀 수도 없고, 일일이 수를 헤아리는 건 에너지 낭비이기도 하다. 우주 전체에서 몇몇 장소를 골라 그 장소를 표본으로 우주 전체를 추측하면 되기 때문이다. 지금까지의 연구 결과로 드넓은 우주를 평균화해보면, 한 변이 100만 광년인 정육면체 안에 평균적으로 0.1개의 성운이 존재한다고 한다. 만약 이 정도 밀도에 공간의 넓이를 채우면, 그 안에 포함된 성운의 총 개수를 계산할 수 있다. 공간의 넓이를 200인치 망원경으로 관측할 수 있는 최대 거리, 즉 20억 광년을 반지름으로 하는 커다란 구로 가정해보자. 구의 부피는 한 변이 100만 광년인 정육면체의 약 300억 배에 달한다. 따라서 반지름이 20억 광년인 구 안에는 대략 30억 개의 성운이 존재한다는 이야기가 된다.

평균적인 성운의 밀도는 한 변이 100만 광년인 정육면체 안에 0.1개 정도인데, 반지름 100만 광년 안에 수백 개의 성운을 갖고 있는 성운단 내부는 상당히 밀집된 상태라고 볼 수 있다. 밀집 정도가 심한 성운단에서는 성운과 성운이 충돌하는 일도 충분히 일어날 만하다. 앞에서 소개한 백조자리 A라는 전파 별은 성운단 내부에서 두 개의 별이 실제로 충돌하고 있는 모습이다. 성운은 저마다 수백억 개의 태양을 보유한 거대한 별 집단이다. 두 성운이 충돌한다고 하면 그곳에서 벌어질 별과 별의 격렬한 충돌을 상상하게 될 것이다. 그러나 실제로는 별과 별이 충돌하는 일은 거의 일어나지 않는다. 별과 별 사이의 공간은 별 자체의 크기에 비해 매우 넓기 때문에 두 성운은 별들이 충돌하는 일 없이 서로 빗겨 지나간다.

하지만 성간물질은 이야기가 다르다. 두 성운에 속한 각각의 성간물질은 대략 매초 수천 ㎞의 속도로 정면충돌하고 있을 것이다. 그 순간 격렬한 충돌에 의해 강한 전파를 내뿜게 되고, 성간물질은 충돌과 함께 뜨겁게 달궈져 성운으로부터 증발하여 허공으로 떠나버린다. 실제로 성운이 많이 밀집한 어느 성운단에서는 그곳에 속해 있는 거의 대부분의 성운이 타원성운이라는 사실이 밝혀졌다. 성운이 그만큼 많이 밀집되어 있다면, 수십억 년이라는 시간 동안에 성운들이 수차례 충돌했을 가능성이 있다. 그리고 애초에 각 성운이 성간물질을 갖고 있었다고 해도 충돌에 의해 성간물질을 잃었을 테고, 결국 오늘날에는 성간물질을 보유하지 않은 종족Ⅱ의 타원성운이 되고 만 것이다. 나선성운과 타원성운이 진화 과정에서 어떤 계열이 되었는지는 별개로 치더라도 나선성운이 타원성운으로 변형되는 과정은 바로 이 부분에서 확인할 수 있다.

우주의 지평선

미국의 서해안 지역인 로스앤젤레스 부근의 윌슨산 천문대에 100인치 반사망원경이 카네기 재단의 자금으로 건설된 것은 1917년의 일이었다. 성운의 우주 연구는 바로 이 100인치 망원경에 의해 진행되었다고 해도 과언이 아니다. 100인치 망원경이 완수하고, 현재까지 계속해서 이루어가고 있는 방대한 업적을 떠올릴 때, 이 거대 망원경을 창조한 미국의 천문학자 조지 헤일George Ellery Hale의 이름을 잊어서는 안 된다.

헤일은 시카고대학교에서 조교수로 있을 때, 시카고의 부호 찰스 여키스Charles T. Yerkes를 설득하여 자금을 이끌어냈고, 1897년에 40인치 굴절망원경을 건설했다. 여키스 천문대의 40인치 망원경은 아직까지도 굴절망원경으로서 세계 최대 규모를 자랑하고 있다. 헤일은 여기에 만족하지 않고, 윌슨산 천문대를 선택하여 그곳에 60인치 반사 망원경과 100인치 망원경을 만들었다. 또 팔로마산을 찾아 그곳에 200인치 망원경 건설에 착수했으나 완성을 눈앞에 두고 세상을 떠나고 말았다. 헤일의 학문적 업적은 태양 부문에서 가장 유명하지만, 세계 최대 망원경을 차례차례 건설한 그의 지치지 않는 열의는 거대 망원경들이 완수한 업적과 함께 오랫동안 기억해야 할 것이다. 팔로마 천문대의 세계 최대 200인치 망원경이 '헤일 망원경'이라고 불리는 것은 지극히 당연한 일이다.

100인치 망원경으로 멀리 떨어진 성운의 빛을 색으로 나눠 스펙트럼을 촬영한 미국의 천문학자 베스토 슬라이퍼Vesto Melvin Slipher는 기묘한 사실 하나를 깨달았다. 그것은 멀리 떨어져 있는 성운일수록 스펙트럼 안의 어두운 선이 붉은색 쪽으로 치우친다는 사실이었다. 미국의 천문학자 허블은 이 현상을 철저히 파헤치기 시작했다. 그리고 허블은 스펙트럼이 붉은색 쪽으로 치우치는 비율이 성운의 거리에 비례한다는 사실을 알아냈다.

스펙트럼이 붉은색 쪽으로 치우치는 현상은 빛을 내뿜

는 천체가 지구로부터 멀어진다는 것을 뜻한다. 그런데 멀리 떨어진 성운일수록 멀어지는 속도가 빠르다는 것은 무엇을 의미할까? 그것은 바로 성운끼리 서로 멀어지고 있다는 의미다. 그리고 성운 전체가 차지하는 우주가 확장되고 있다는 의미이기도 하다.

성운이 멀어지는 속도는 매우 빠르다. 1억 광년 떨어져 있는 성운단은 매초 8,000㎞의 속도로 멀어지고, 2억 광년 떨어져 있는 성운단은 매초 약 1만6,000㎞의 속도, 그리고 거리가 4억 광년에 달하는 성운단은 매초 3만 ㎞의 속도로 지구와 멀어지고 있다.

팽창하고 있는 우주의 모습은 흔히 풍선에 비유된다. 풍선 표면에 몇 개의 점을 그리고, 그 점들을 성운이라고 생각해보자. 풍선을 불면 불수록 점들 사이의 거리도 멀어지고, 또 어느 점에서 바라보든 다른 점들이 모두 멀어지는 것처럼 보인다.

이번에는 풍선 표면의 어느 지점으로 개미 한 마리가 기어오고 있다고 가정해보자. 만약 풍선을 부풀리지 않았다면 개미는 풍선 위 어디로든 언젠가 도달하게 된다. 그러나 만약 풍선을 빠른 속도로 분다면, 시간이 아무리 걸려도 개미가 도달하지 못하는 지점이 있다. 마찬가지로 어떤 거리보다 멀리 떨어진 성운에서 발산된 빛은 우주가 팽창함에 따라 시간이 무수히 지나도 지구에 도달하지 못한다. 아무리 커다란 망원경을 만들어도 그보다 멀리 떨어져 있는 성운은 볼 수가 없는 것이다. 바로 거기에 우주의 지평선이 있다. 성운이 후퇴할 때마다 지평선 앞에 있던 성운도 점점 지평선 너머로 가라앉고 말 것이다. 우리가 볼 수 있는 성운의 수는 이처럼 점점 줄어들고 있다.

IV. 유전되는 우주

1. 별의 생애

우주의 지도

별은 모두 태양이며, 별이 모여 은하를 이루고, 수많은 은하가 모여 우주를 형성한다. 우주의 기하학적 구조와 우주 공간의 대략적인 넓이는 다음과 같이 정리할 수 있다.

우리가 지구로부터 멀리 떨어져 있는 어떤 장소에서 지구를 바라본다고 상상해보자. 그리고 지구의 이런저런 모습을 가상의 지도에 그리듯 모형적으로 만들어보는 것이다.

일단 종이 위에 같은 크기의 정사각형을 여러 개 그린다. 우리의 첫 번째 가상 지도는 정사각형의 한 변이 100만 ㎞ 정도인 축척으로 그려져 있다. 이 지도 안에는 반지름이 약 38만 ㎞인 달의 궤도가 지도의 대부분을 차지하는 커다란 원을 그리고 있고, 태양 주위를 도는 지구의 궤도는 그 일부분만이 거의 직선으로 보인다.

두 번째 지도의 축척은 첫 번째 지도의 100분의 1로 축소한다. 이번 정사각형의 한 변 길이는 1억 ㎞에 달한다. 지구를 이 지도의 정중앙에 놓으면, 지구와 금성 궤도의 일부가 지도에 표시될 뿐 지구 바깥쪽에 있는 화성의 궤도도, 금성 안쪽에 있는 수성의 궤도도 표시되지 않는다. 더구나 태양을 지도 안에 그리는 것은 불가능하다. 또한 달의 궤도는 첫 번째 지도의 100분의 1로 축소해야만 한다.

세 번째 지도에서는 축척을 다시 한 번 100분의 1로 줄여 정사각형의 한 변이 100억 ㎞라고 가정하자. 해왕성의 궤도는 이 지도에 가득 찰 만큼 확대되고, 태양계에서 가장 바깥쪽에 있는 명왕성의 궤도는 지도에서 조금 비어져 나온다. 태양계의 크기는 대개 이 정도다.

이 지도를 또 한 번 100분의 1로 축소하여 정사각형의 한 변이 1조 ㎞인 지도를 그려보자. 이 네 번째 지도는 가장 그리기 쉽다. 정사각형 안에 아무것도 그리지 않아도 되기 때문이다. 꼭 뭔가를 그리고 싶다면 지도 한가운데에 작은 점을 하나 찍고 '태양'이라고 적으면 된다. 태양을 한가운데에 그려 넣은, 한 변이 1조 ㎞인 지도 안에는 태양계에서 지구와 가장 가까운 다음 별조차 그릴 수 없기 때문이다.

지구와 가까운 여러 별들은 이 지도를 다시 100분의 1로 축소한 지도 안에 겨우 모습을 드러낸다. 바로 이 다섯 번째 지도는 정사각형의 한 변이 100조 ㎞, 다시 말해 약 10광년이다. 태양계의 크기가 별과 별 사이의 공간에 비해 현격히 작다는 사실을 이 지도를 보며 새삼 깨닫게 될 것이다.

만약 이 지도를 또다시 100분의 1로 축소하여 정사각형의 한 변이 100조 ㎞의 100배, 즉 1,000광년인 여섯 번째 지도를 그리고자 한다면, 이번에는 생각처럼 쉽지 않을 것이다. 지도 안에 무수히 많은 점을 그려 넣어야 하기 때문이다. 각각의 점은 별을 의미한다. 그리고 이 지도에는 지구가 속해 있을 나선팔의 일부분이 표시된다.

이 지도를 또 한 번 100분의 1로 축소하여 정사각형의 한 변이 10만 광년인 일곱 번째 지도를 그리면, 은하 전체가 지도 안에 딱 맞도록 가득 찬다. 그러나 만약 태양을 지도의 중앙에 두려고 하면, 은하의 3분의 1 정도가 지도 밖으로 벗어나고 만다. 태양은 은하의 꽤 바깥쪽에 위치하고 있기 때문이다.

이러한 과정을 한 번만 더 반복하여 정사각형의 한 변이 약 1,000만 광년인 지도를 그렸다고 가정해보자. 1,000만 광년은 1조 ㎞의 1조 배에 달한다. 우리 은하는 중앙의 작은 점이 되고, 그 근처에 여러 개의 점을 찍어야 한다. 그 점들은 안드로메다 은하, 그리고 지구와 가까운 성운들이다. 이 여덟 번째 지도를 완성하기 위해서는 이 작은 그룹을 벗어난 곳에 점을 살짝 추가하면 된다. 이 지도를 그리는 데는 시간이 오래 걸리지 않는다. 또 이것저것 살펴보았을 때 얼핏 다섯 번째로 그렸던 지도와 별 차이가 없어 보인다. 게다가 이 지도를 100분의 1로 더 축소하여 한 변이 10억 광년인 정사각형을 그리면, 이 아홉 번째 지도는 다시 여섯 번째 지도와 닮아 보인다. 여섯 번째 지도의 점 하나하나는 별이라고 했는데, 새로운 아홉 번째 지도의 점들은 모두 우리 은하와 동등한 성운들이다. 이 지도 안의 성운들은 팔로마 천문대의 200인치 망원경으로 관측할 수 있는 범위 내에 존재한다.

만약 이 지도를 또다시 100분의 1로 축소한다면 어떻게 될까? 지구는 우주의 지평선을 만나게 되므로 더 이상 이 가상 지도 안에 표시할 수 없게 될 것이다.

날실과 씨실

우리 앞에 펼쳐진 우주는 앞에서 설명한 것처럼 구성되어 있다. 우리가 우주의 구성을 통해 알 수 있는 사실은 우주와 우주의 구성 분자인 별들이 어떻게 만들어져서 어떻게 진화했는지다. 만약 우주의 공간적 구조가 세로 방향의 날실이라면, 진화 문제는 가로 방향의 씨실이다. 자연이 한 땀, 한 땀 만들어낸 무늬를 날실과 씨실로 각각 풀어낸 후, 새롭게 다시 짜서 전체적인 모습을 감상하고자 하는 것이 이 책을 집필한 목적이다. 풀어진 실들이 뒤엉키는 일 없이 자연의 모습이 만들어지듯 서투른 글 솜씨를 스스로 격려하며 다음 이야기를 이어가보겠다.

일단 별의 진화부터 출발해보자. 그러나 별의 수명에 비해 우리에게 주어진 관측 가능한 시간, 즉 인간의 수명이 너무나 짧기 때문에 하나의 별을 오랫동안 관측하여 그별의 전 생애를 끝까지 지켜보기란 도저히 불가능하다. 앞에서 소개한 비유를 기억하는가? 잠시 지구를 방문한 화성인이 선택할 수밖에 없었던 방법은 주어진 짧은 시간 동안 다양한 인간을 최대한 많이 관찰하여 그 특징에 따라 분류하는 방식이었다. 우리는 별을 관측하여 별들의 공간적 배치를 알게 되고, 각 별들의 밝기와 질량을 측정한다. 그 결과 중 하나가 별을 밝기와 색에 따라 표시한 H-R도이며, 또 다른 하나는 우리 은하의 구조와 그 자전 운동이다. 별의 밝기와 질량 사이에도 어떠한 관계가 있다는 사실을 알게 되었지만, 그 이야기는 좀 더 뒤에서 다룰 예정이다.

별의 진화 이야기의 첫 번째 주자는 바로 태양이다.

뜨거워지는 태양

태양 빛의 근원은 모두 태양의 중심부에서 일어나는 원자핵 반응이다. 즉, 네 개의 수소 원자핵이 모여 한 개의 헬륨 원자핵으로 바뀌는 핵융합 반응에 의해 생겨나는 것이다. 태양이 발산하는 전체 에너지로부터 역산해보면 매초 6억 톤의 수소를 잃고, 그 대신에 6억 톤의 헬륨이 새로 만들어지는 셈이다. 이렇게 태양 내부의 수소는 점차 헬륨으로 바뀌어간다.

수소 네 개가 헬륨 하나로 바뀜에 따라 질량은 조금 감소한다. 사실은 그 줄어든 만큼의 질량이 형태를 바꿔 에너지가 되는 것이지만, 그 질량 손실은 매우 작다. 만일 태양 전체가 수소로 이루어져 있고, 모든 수소가 헬륨으로 바뀐다 해도 태양 전체 질량의 0.7%가 사라진 것에 불과하다. 이 줄어든 질량이 에너지로 전환되어 태양을 수백억 년이나 빛낼 수 있는 것이다.

다시 말해 태양은 매초 수소를 헬륨으로 바꾸며 빛나고 있고, 태양 전체의 질량은 거의 변하지 않는다. 내부의 질량이 이처럼 변화를 거듭할 때 태양의 생애가 어떤 길을 걸을지는 태양 내부의 수소를 조금씩 헬륨으로 바꿔보고, 그때 태양이 보이는 모습을 추적해보는 수밖에 없다.

이러한 추정은 1939년 무렵, 한스 베테와 조지 가모프에 의해 이루어졌다. 그리고 계산 결과에 의하면, H-R도 안에서 태양은 대략 주계열을 따라 왼쪽 상단으로 이동하고 있었다. 주계열을 따라 왼쪽 상단으로 이동한다는 말은 반지름이 거의 바뀌는 일 없이 밝기가 증가함을 의미한다. 즉, 별로서의 구조가 크게 변하지 않은 채 에너지의 발생량이 증가하는 셈이다.

이 진화 과정을 보면 태양은 서서히 빛을 증가시키고 있음을 알 수 있다. 태양이 현재의 비율로 수소를 소비한다면, 태양이 수소로만 이루어져 있다고 가정했을 때의 수명은 약 500억 년이다. 현재 태양의 몇 할이 수소인지는 정확히 알 수 없지만, 아마 전체 질량의 절반 이상은 수소일 것으로 추정하고 있다. 만일 태양 전체 질량의 절반이 수소라고 한다면, 현재 비율로 소비가 진행될 경우 태양에게는 아직 200억~300억 년의 수명이 남아 있다는 말이 된다. 태양이 시간이 갈수록 뜨거워지면 수소의 소비량도 빠르게 증가할 테지만, 앞으로 남은 태양의 수명이 매우 길다는 사실에는 변함이 없다. 따라서 태양이 서서히 빛을 증가시키고 있다고 해도 그것은 이처럼 천문학적 시간 내에서의 이야기다. 실제로 태양은 작년보다 올해, 올해보다 내년에 점점 더 뜨거워지겠지만 우리가 측정하려고 해도 절대 측정할 수 없을 만큼 미세한 차이다. 역사적으로 살펴보아도 지구의 기상에 미치는 영향은 체감하기 힘들 정도다.

태양이 뜨거워진다는 이 가설은 지금까지의 태양 진화론을 근본부터 바꾸어버렸다. 오래전부터 우리가 믿어왔던 사실은, 태양이 막대한 양의 에너지를 우주 공간에 방출함에 따라 서서히 식어간다는 쪽이었다. 그리고 태양이 식어감에 따라 먼 훗날 지구에는 심각한 추위가 닥쳐오리라 상상했다. 하지만 태양이 점점 뜨거워지고 있는 거라면 우리 앞에 기다리고 있는 현실은 추위가 아닌 더위다. 태양이 식어간다고 믿는다면 인류가 이주해야 할 천체는 지구보다 태양계 안쪽에 위치한 금성일 테지만, 태양이 뜨거워진다면 미래 인류는 지구보다 태양계 바깥쪽에 위치한 화성으로 이주해야 한다.

베테와 가모프에 따르면, 태양은 H-R도 안에서 대략 주계열을 따라 왼쪽 상단으로 이동한다고 한다. 그러나 그런 모습은 태양만 보이는 것이 아니다. 태양과 비슷한 구조를 지닌 주계열성들은 모두 주계열을 따르듯 왼쪽 상단으로 이동한다. 그리고 지구와 근접한 별들이 거의 대부분 주계열에 포함되어 있는 것은 어느 별의 진화 과정이든 주계열을 따르고 있기 때문이라고 믿고 있다. 별이 주계열을 따라 왼쪽 상단으로 이동한다는 가설은 1939년 이후 약 10년 동안 별의 진화론 중 가장 지배적인 이론이었다.

그러나 주계열에 속한 별이 언제까지나 주계열을 벗어나지 않는다면, 베텔게우스와 같은 거성은 어째서 탄생한 것일까? 또한 주계열이 없는 종족Ⅱ의 별들은 어떠한 진화 과정을 걷고 있을까? 현재 별의 진화론은 이러한 의문들을 모두 해결하고, 두 종족 사이에 존재하는 밀접한 연관성을 명확히 파헤쳤다. 그럼 지금부터 새로운 별의 진화론에 귀를 기울여보자.

별 안의 혼돈

태양을 비롯한 수많은 별들이 수소를 헬륨으로 전환시키며 빛을 내뿜고 있다는 사실은 1938~1939년 무렵에 밝혀진 대로다. 그렇다면 베테와 가모프가 이야기한 것처럼 별 내부의 수소를 서서히 헬륨으로 바꾸고, 그 진화 과정을 따르는 것이 어째서 불가능했던 걸까?

지금까지의 계산대로 별 내부의 수소를 헬륨으로 전환시킬 때, 별 내부에 70% 존재하던 수소를 60%, 50% 등으로 바꾸어보았다. 문제는 거기에 있다.

태양에서든 별에서든 실제로 원자핵 반응이 일어나는 곳은 온도가 높은 중심부뿐이다. 중심부에서는 분명히 수소가 헬륨으로 서서히 전환된다. 그러나 별 전체의 수소 함유량이 바뀐다는 가정에는 중심부에서 수소가 헬륨으

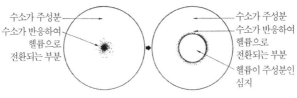

수소가 주성분
수소가 반응하여
헬륨으로
전환되는 부분

수소가 주성분
수소가 반응하여
헬륨으로
전환되는 부분
헬륨이 주성분인
심지

[그림 12] 별 내부에 생성되는 헬륨 심지

로 전환됨에 따라 그 손실된 수소를 다시 보급해주기 위해 별 바깥 부분에서 중심부로 수소가 이동하며, 그와 동시에 중심부에서 생성된 헬륨은 별 전체로 골고루 퍼져 나간다는 사실이 포함되어 있다. 바꿔 말하면, 별 내부의 물질은 중심부에서 바깥쪽까지의 모든 부분에서 끊임없이 뒤섞이고 있다는 발상이다.

만약 별 내부의 물질들이 골고루 뒤섞이지 않는다면 어떻게 될까? 다시 말해 별 내부의 물질은 조금씩 서로 뒤섞이고 있지만, 별 내부에서 수소가 헬륨으로 전환되는 속도에 비해 물질의 혼합 속도가 훨씬 느리다면 어떤 일이 벌어질까?

별의 중심부에서는 수소가 헬륨으로 전환된다. 만일 바깥쪽으로부터 새로운 수소가 전혀 보급되지 않는다면, 별의 중심부에는 수소를 전부 잃은 작은 심지가 생길 것이다. 이 심지 안의 수소는 모두 헬륨으로 전환되었기 때문에 더 이상 이곳에서는 원자핵 반응이 일어나지 않으며, 에너지 역시 생성되지 않는다. 즉, 이 심지는 더 이상 뜨거워지지 않는 재 덩어리인 셈이다. 그리고 원자핵 반응이 일어나는 곳은 이 헬륨 심지 주위의 얇은 층 부근으로 이동할 것이다. 또 머지않아 이 얇은 층에 포함된 수소도 핵반응에 의해 모두 헬륨으로 전환되는 시기가 온다. 그러면 헬륨으로 이루어진 심지가 그 부근까지 확장될 테고, 핵반응으로 에너지를 발생시키는 장소도 조금 더 바깥쪽의 얇은 층으로 이동할 것이다.

물질이 잘 뒤섞여 있는 별에서는 전체적으로 수소 함유량이 골고루 줄어들고, 헬륨의 양은 그만큼 늘어난다. 반대로 물질이 잘 뒤섞이지 않는 별에서는 중심부의 헬륨 심지가 생겨 그 주위에 얇은 층에서 언제나 핵반응이 일어나며, 그 때문에 심지가 서서히 확장된다. 실제 별에서는 도대체 어떤 현상이 일어나고 있을까?

연구를 해보니 일반적인 별에서는 물질이 뒤섞이는 속도가 핵반응 속도에 비해 훨씬 느리다고 한다. 별 전체의 물질을 잘 혼합하는 가장 큰 원동력은 별의 자전 운동이다. 태양처럼 한 달에 한 번 회전하는, 자전 속도가 느린 별에서는 중심부와 바깥쪽의 물질이 거의 섞이지 않는다고 보면 된다. 자전 속도가 아주 빠른 별에서 물질이 뒤섞이는 일이 겨우 문제가 될까 말까 하는 정도이기 때문이다. 그러므로 앞에서 언급한 주계열을 따라 이동하는 태양의 진화 과정은 실제 상황에서 한참 벗어나 있다고 봐야 한다.

거성으로 가는 길

우리는 앞에서 별 내부의 물질이 잘 섞이지 않으면, 수소를 잃어 더 이상 뜨거워지지 않는 심지가 별 중앙에서 서서히 확장된다는 사실을 이야기했다. 그리고 실제 별들은 이와 비슷할 것으로 추측된다. 즉, 현실 속의 별은 중심부의 더 이상 뜨거워지지 않는 심지가 서서히 커지고, 그 심지의 바깥층에서 항상 수소가 헬륨으로 전환되어 원자력을 발생시키는 등 별에 나타나는 변모를 추구하며 그 진화 과정을 걸을 것이다. 독일 출신의 천문학자 카를 슈바르츠실트Karl Schwarzschild를 중심으로 한 연구 팀은 이 진화 모델을 따라 별의 새로운 진화론을 수립하는 빛나는 업적을 세웠다.

슈바르츠실트 연구 팀이 얻은 성과를 들여다보기 전에 그 이전부터 구분 짓던 별의 통계적인 성질을 한 가지 꼭 소개하려고 한다. 바로 주계열성에서는 밝은 별일수록 질량이 크다는 성질이다. 별의 수명을 추정할 때 태양보다 20배 밝은 시리우스의 질량은 태양의 약 두 배이며, 태양보다 1,000배 밝은 별의 질량은 태양의 10배라고 이야기한 적이 있을 것이다. 시리우스의 질량은 그렇다고 쳐도 밝기만 알고 있는 별의 질량을 이렇게 가정할 수 있는 이유는 밝은 별일수록 질량이 크다는 통계적인 결과를 알고 있기 때문이다. 무거운 별일수록 어째서 더 밝은 것인지에 대한 의문은 잠시 접어두고, 이 책에서는 일단 주계열의 왼쪽 상단에 위치한 별일수록 질량이 크다는 사실을 기정사실화한 후 이야기를 이어가겠다.

모든 별들이 처음에는 주계열상에 늘어서 있다고 가정해보자. 주계열에 속한 별은 밝기가 곧 질량을 나타내는 기준이다. 이 별들의 내부에서 수소가 헬륨으로 전환되어

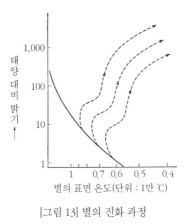

[그림 13] 별의 진화 과정

더 이상 뜨거워지지 않는 심지가 점점 커진다면 어떻게 될까? 계산 결과에 따르면, 바로 이때 별들이 걷는 길은 그림 13과 같다.

그림 13에서 주계열의 각기 다른 지점에서 출발한 곡선은 저마다 질량이 다른 별의 변모 과정을 나타낸다. 이 표에 의하면, 주계열에 속한 별은 처음에는 H-R도상에서 조금씩 위로 올라가고, 다음에는 오른쪽으로 이동했다가 또다시 위쪽으로 향한다. 달리 말하면, 처음 얼마간은 표면 온도가 바뀌지 않은 채 반지름이 조금씩 늘어남에 따라 밝

기도 증가했다가, 중간에는 반지름이 늘어남과 동시에 표면 온도가 내려가 밝기가 그다지 변하지 않는 시절이 있고, 머지않아 표면 온도가 거의 바뀌지 않은 채 반지름이 크게 증가하며 밝아진다는 의미다. 한마디로 말해 주계열성이 거성으로 변해간다는 이야기다.

별 내부의 물질이 잘 혼합되지 않은 채 중심부에 심지를 만들며 진화할 때 어째서 이러한 구불구불한 곡선을 그리는지는 간단히 설명하기 힘들다. 우리는 별의 심지가 차지하는 질량이 늘어나면서 심지가 수축하고, 그 수축에 의해 심지 안의 온도와 밀도가 점점 높아진다는 사실에 주목해야 한다. 그림 13에서 오른쪽 상단으로 별이 이동할 때는 심지 중앙의 온도가 1억 ℃에 달하는 것으로 알려져 있다.

아마 태양도 이러한 진화 과정을 걸을 것이다. 앞에서 태양이 주계열을 따라 이동한다고 이야기한 이유는 태양 내부의 물질이 잘 섞여 있다고 가정했기 때문이며, 그 가정은 틀렸지만 먼 훗날 태양이 완전히 식어버리는 것이 아니라는 사실은 위 생각과 일맥상통한다. 그리고 만약 태양이 거성으로 진화한다면, 지구의 궤도를 집어삼키고 말 것이다. 미래 인류가 지구보다 태양과 더 근접한 금성으로 이주한다는 말은 그야말로 불구덩이로 뛰어드는 일이다.

구상성단의 별

슈바르츠실트 연구 팀이 추정한 그림 13의 진화 과정으로 현실 속의 별들을 어떻게 설명할 수 있을까?

밝은 별들은 원자력을 마구 내뿜고 있다. 주계열에 속한 밝은 별은 어두운 별에 비해 질량은 크다. 그러나 질량이 얼마나 큰지에 대한 비율보다 원자력 소비량이 얼마나 많은지에 대한 비율에서 훨씬 큰 차이가 난다. 바꿔 말하면 질량이 큰 별은 수명이 짧다는 의미가 된다. 그림 13으로 설명해보면, 질량이 큰 별은 표에 나타난 진화 과정을 매우 빠르게 걷는다.

만약 모든 별을 주계열상에 늘어놓고 동시에 출발하게 한 후, 각 별들의 진화 과정을 걷도록 했다고 가정해보자. 처음에 주계열의 왼쪽 상단에 있던 밝고 질량이 큰 별은 이 진화 과정을 빠르게 따를 것이고, 주계열의 중심일수록 질량이 작은 별은 진화 과정을 천천히 밟을 것이다. 또한 진화 속도가 아주 느린 별은 아직도 주계열 위에서 머

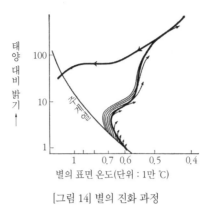

[그림 14] 별의 진화 과정

뭉거리고 있을지 모를 일이다. 주계열에서 출발하여 충분히 긴 시간이 경과하면 질량이 큰 별은 이미 오래전에 별의 생애 전 과정을 모두 마쳤을 테고, 남아 있는 별은 진화 속도가 느린 질량이 작은 별들뿐일 것이다.

이러한 가설을 바탕으로 그림 13의 진화 과정과 구상성단의 별들이 보이는 종족 II 의 H-R도를 비교한 결과가 그림 14다. 모든 별은 처음에 주계열 위에 늘어서 있다고 상상해보자. 그리고 질량이 조금씩 다른 별들이 주계열 위에서 각각 다른 장소에 위치해 있고, 각 별들이 동시에 출발하여 그림 14에서 가느다란 곡선으로 표시된 진화 과정을 저마다 다른 속도로 걷게 된다고 가정해보는 것이다. 시간이 한참 흐르면 조금 전에 이야기했듯 질량이 큰 별, 즉 주계열에서 조금이라도 왼쪽 상단에 있던 별은 진화 속도가 빠른 만큼 이미 진화 과정의 마지막 단계에 도달해 있을 것이며, 질량이 작고 어두운 별은 대부분 주계열에서 벗어나 있지 않을 것이다. 만일 주계열 위에 별들을 정렬한 후 "출발!" 하고 신호를 내리고 얼마나 시간이 흘렀는지 동일한 조건을 지정한다면, 각 별들이 각자의 진화 과정 중 어디까지 도달했는지 알아낼 수 있다. 그리고 각각의 도착 지점을 선으로 이으면 특정 시간이 경과한 후의 별들의 집단을 나타내는 H-R도를 얻을 수 있다.

그림 14의 굵은 선은 이렇게 계산하여 구한 몇십억 년 후 별의 분포라고 이야기하고 싶지만, 사실은 그렇지 않다. 그림 13과 같은 진화 과정이 아직 완벽히 계산되지 않았기 때문이다. 그림 14의 굵은 선은 그림 9에서 확인할 수 있는 구상성단 M3의 H-R도를 모형화하여 그려 넣은 것이다. 아직 진화 과정에 대한 정확한 수치가 없으므로 완벽한 일치를 강조하기는 불가능하다. 하지만 어느 정도는 일정하게 그림 13과 같은 진화 과정으로 구상성단의

H-R도가 설명되는 것은 분명하다. 구상성단에 주계열성이 존재하지 않는다고 지금까지 이야기했지만, 밝은 주계열성이 없다는 말로 정정해야 할 것이다.

밝은 주계열성은 별의 진화 과정을 모두 완주했고, 아주 어두운 별만이 주계열에 남아 있다. 태양보다 아주 조금 밝은 별이 주계열을 이제 막 벗어나려 하며 주계열상에서 태양보다 밝았던 별, 그러니까 태양보다 질량이 조금 큰 별이 각각의 진화 과정을 눈부시게 지나고 있기 때문에 구상성단의 H-R도가 이처럼 특이한 모양을 보이는 것이다. 만약 이 별들을 진화 과정을 역주행하여 반대로 되돌아오게 한다면 그림 14에서 볼 수 있듯이 주계열상의 아주 좁은 범위 내에 속하고 말 것이다.

진화의 모든 과정에 대해서 아직 정확한 계산이 완료되지 않았기 때문에 구상성단의 나이를 정확히 단정할 수는 없다. 그러나 그림 13 곡선의 첫 번째 전환점이 별 전체 질량의 12%가 수소를 잃은 심지에 해당한다는 사실을 기본 바탕으로 하여 실제로 관측되고 있는 H-R도와 비교하면 구상성단의 나이를 추정할 수 있다. 이렇게 구한 구상성단 M3의 나이는 대략 50억 년으로 우주의 나이와 비슷하며, 다른 구상성단의 나이도 거의 유사하다.

여행의 끝

별 내부에서 수소가 헬륨으로 전환되어 더 이상 뜨거워지지 않는 심지가 생겨나고, 그 심지가 확장됨에 따라 별은 주계열을 벗어나 거성이 된다. 그 과정을 나타내는 것이 구상성단 H-R도의 오른쪽 곡선이다. 그렇다면 이 H-R도의 수평 획은 무엇을 의미할까?

별 내부의 심지가 확장됨에 따라 심지가 차지하는 질량이 점차 늘어나지만, 심지 자체는 수축하기 때문에 온도와 밀도가 높아진다는 사실은 수많은 연구로 거의 명확해졌다. H-R도의 오른쪽 상단까지 별이 이동한다면 그때 심지 중앙의 온도는 대략 1억 ℃이며 밀도는 물의 10만 배에 달한다. 태양의 중심부에서는 온도가 약 100만~300만 ℃, 밀도가 물의 100배이므로 심지의 온도와 밀도는 상당히 높은 축에 속한다.

그럼 이렇게 고온과 고밀도가 된다는 이야기는 지금까지 우리가 '뜨거워지지 않는 덩어리'라고 불렀던, 헬륨을

수소가 주성분
수소가 반응하여 헬륨으로 전환되는 부분
헬륨이 반응하는 부분
헬륨이 주성분인 심지

[그림 15] 헬륨 심지가 반응하는 별

주성분으로 하는 심지가 다시 뜨거워지기 시작한다는 의미가 된다. 이번에는 두 개의 헬륨이 융합하여 탄소가 되고, 탄소는 헬륨과 반응하여 산소가 되고, 산소는 다시 헬륨을 붙잡아 네온으로 전환된다. 또 헬륨 심지의 바깥층에서는 아마 수소가 헬륨으로 전환되는 반응이 한층 지속될 것이다.

만일 위와 같은 현상이 실제로 일어난다면, 이러한 별들은 매우 복잡한 구조를 지니고 있을 것이 분명하다. 이 별을 세로로 잘라 단면을 살펴보면 그림 15와 같지 않을까? 별은 수소가 주성분인 바깥층과 헬륨이 주성분인 심지로 크게 나눌 수 있다. 심지에 근접한 바로 바깥층에서는 수소가 헬륨으로 계속 전환되며 에너지를 내뿜고, 그와 함께 심지가 점점 커져간다. 심지의 가운데 부분에서는 헬륨이 반응하여 무거운 원소, 즉 중원소로 바뀌는데 이때도 마찬가지로 에너지가 발생한다. 계산 결과에 의하면 이러한 별은 구상성단 H-R도의 수평 획을 왼쪽에서 오른쪽으로 분명하게 이동시키고 있다고 한다.

구상성단 내부의 별은 진화함에 따라 수평 획을 오른쪽에서 왼쪽으로 이동시킨다는 가설에는 또 다른 흥미로운 증거가 있다. 우리가 앞에서 구상성단의 거리를 구할 때 깜빡이는 등대 역할로 삼았던 성단형 변광성은 마침 이 수평 획의 일부를 차지하고 있다. 그리고 구상성단의 별이면서 H-R도의 이 위치에 자리한 별들은 예외 없이 모두 이 종류의 변광성이다. 흥미로운 증거란, 성단형 변광성이 별로 없는 구상성단에서는 왼쪽의 별이 매우 적고, 수평 획이 왼쪽으로 늘어나 있는 성단에서는 성단형 변광성이 많다는 사실이다. 다시 말해 별은 성단형 변광성이라는 관문을 지나 오른쪽에서 왼쪽으로 이동한다는 이야기다. 하지만 별이 H-R도의 이 구역에 진입하면 어째서 변광을 시작하는지는 아직 그 원인이 명확히 밝혀지지 않았다.

그렇다면 별이 H-R도 안에서 오른쪽에서 왼쪽을 향해 거의 수평으로 이동한다는 것은 표면 온도가 높아져도 밝기는 변하지 않는 상태, 즉 별 전체가 수축함을 의미한다. 수평으로 이동하는 병은 머지않아 주계열의 선을 가로질러 더욱 왼쪽으로 이동할 것이다. 방금 이야기한 가설을 더 이어가보면, 왼쪽에서 또 왼쪽으로 이동하는 별의 심지 내부에서는 더욱 무거운 원소가 만들어지고 있을지 모를 일이다. 그리고 별이 다시 수축함에 따라 곧 별의 생애에 중대한 전환기가 닥쳐올 것이다.

별의 생애 마지막에 기다리고 있는 운명은 무엇일까? 그 부분은 아직 상상의 영역에 머물러 있지만, 우리가 황소자리의 게 성운에서 본 초신성의 폭발이 별의 마지막 모습 중 하나가 아닐까 하고 많은 학자들이 추측하고 있다.

초신성超新星은 큰 별이 진화하는 마지막 단계로, 급격한 폭발로 그 막대한 빛이 태양의 1억 배에 달할 만큼 밝아진 뒤 점차 사라지는 별을 말한다. 저 멀리 떨어진 섬우주에 초신성이 나타나면 그 별 하나의 밝기가 섬우주 전체의 빛에 필적하게 된다. 별의 생애 마지막을 장식하기에는 그야말로 딱 어울리는 드라마가 아닐 수 없다.

별은 초신성이 되어 가스를 폭발적으로 분출하고, 그와 함께 나머지 부분은 이미 에너지를 발생시키는 능력을 잃어 아주 작은 별로 수축하고 만다. 가스 덩어리인 태양이 그만큼의 반지름을 보유한 이유는 가스를 중심부로 끌어당기는 힘과 내부에서 발생한 에너지에 의해 가스가 밖으로 나가려는 힘이 균형을 이루고 있기 때문이다. 만약 별이 내부에서 에너지를 발생시키는 능력을 잃는다면, 가스가 별 안으로 들어가 별의 반지름이 더욱 작아지고 밀도는 훨씬 높아질 것이다. 우리가 시리우스의 동반성을 통해 확인했듯이 물의 10만 배라는 고밀도를 보유한 백색왜성은 아마도 이러한 상태일 것이다.

별의 생애 마지막이 극적인 초신성의 모습이라고 꼭 단정 지을 수는 없다. 별이 원자핵 반응을 일으킬 연료를 잃으면 결국 최후에는 백색왜성이 되리라 추정할 수 있지만, 질량이 큰 별은 초신성이 되고 질량이 작은 별은 초신성이 되지 못한 채 그대로 백색왜성으로 변해갈 것이다. 파키스탄 출신의 미국인 천문학자 수브라마니안 찬드라세카르Subramanyan Chandrasekhar는 안정된 백색왜성이 되기 위해서는 질량에 어떠한 제한이 있다고 주장했다. 그 질량 제한은 태양의 약 1.4배라는 수치다. 그 이상의 질량을 보유한 별은 나머지 질량을 초신성 형태, 즉 폭발적으로 잃어 점차 백색왜성으로 변해갈 것이며, 그보다 질량이 작은 별은 그대로 조용히 백색왜성으로 변해간다는 것이다.

그러나 백색왜성 자체도 별의 진정한 마지막 모습이 아니다. 백색왜성은 별이 수축을 거듭하며 빛나고 있는 상태이기 때문에 조금 더 시간이 흐르면 훨씬 수축된 상태, 그리고 빛을 내뿜지 않는 '흑색왜성'이 되어 사라져간다.

상상을 덧붙여 구상성단에 속한 별의 생애를 논하자면 대략 다음과 같다.

구상성단의 별들은 우주의 나이와 거의 비슷할 정도로 아주 먼 과거에는 주계열성이었다. 질량이 큰 별은 이미 전 생애를 마쳐 현재 그 모습이 남아 있지 않다. 태양만큼, 혹은 그보다 작은 질량을 보유한 별은 아직 주계열에 머물러 있지만, 태양보다 질량이 조금 큰 별은 내부의 물질이 섞이지 않아 중심부의 헬륨 심지를 확장시키며 점차 거성이 되어가고, 얼마 후에는 심지 안의 헬륨이 뜨거워지기 시작하며 다시 수축하게 된다. 그 진화의 발자취는 모두 H-R도로 나타난다. 별은 최후에 초신성이라는 대폭발을 거치거나 그대로 조용히 변해가면서 백색왜성이 되고, 결국에는 모든 빛을 잃고 만다.

2. 다시 태어나는 별

사라져가는 주계열

앞에서 소개한 별의 새로운 진화론에 의하면, 모든 별이 주계열에 속해 있다고 가정하고 약 50억 년이 흐른 후의 별의 모습이 정확히 구상성단의 H-R도로 나타나는 것이다. 바꿔 말하면 구상성단의 별은 지금으로부터 약 50억 년 전, 즉 우주가 처음 탄생했을 머나먼 과거에 주계열에 속해 있었다는 의미다.

그러나 태양과 가까운 별도, 산개성단의 별도 현재 주계열에 속해 있다. 그것은 무엇을 의미할까? 또한 애초에 주계열이란 무엇을 뜻할까?

먼저 산개성단의 이야기부터 시작해보자.

책에서 여러 번 언급한 묘성은 대표적인 산개성단이다. 묘성의 H-R도는 그림 7과 같다. 또 다른 산개성단의 H-R도는 그림 8의 히아데스 성단 H-R도를 확인하면 된다. 이 두 성단의 별들은 H-R도상의 주계열을 따라 늘어서 있다는 점이 동일한데, 주계열 왼쪽 상단의 늘어짐 상태에 차이가 있다.

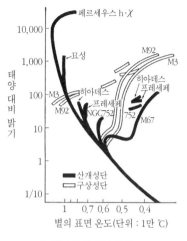

[그림 16] 산개성단의 H-R도

묘성과 히아데스 성단에 보이는 공통점과 차이점을 다른 산개성단과 비교한다면 어떻게 될까? 그 해답을 모형화한 것이 그림 16이다.

그림 16을 보면 똑같이 산개성단이라고 불리더라도 그 H-R도가 조금씩 다르다는 사실을 알 수 있다. 즉, 어떤 성단이든 주계열의 왼쪽 상단 쪽이 휘어져 있는 점은 동일하지만, 그 휘어지는 지점이 성단마다 다르다. 표 안에 h·χ라고 적혀 있는 것은 페르세우스자리의 이중성단인데, 이

성단은 휘어지는 각도가 가장 크다. 그다음은 묘성, 히아데스 성단, 프레세페 성단 순이며, M67이라고 적혀 있는 곡선의 휘어짐은 훨씬 아래쪽을 향하고 있다. 이들은 모두 산개성단이다. 그렇다면 이 산개성단들에 나타나는 주계열의 휘어짐은 무엇을 의미할까?

앞서 이야기했듯이 별은 수소를 잃으면서 중심부에 헬륨을 주성분으로 하는 심지가 생기고, 그와 함께 별은 주계열에서 벗어나 점차 거성이 된다. 그리고 진화 과정을 걷는 속도는 각 별의 질량에 따라 다른데, 질량이 큰 별일수록 진화 속도가 빠르다.

위와 같은 시각으로 그림 16을 보면 주계열의 휘어짐이 이해될 것이다. 즉, 페르세우스자리 이중성단에서는 질량이 큰 왼쪽 상단의 별이 드디어 주계열을 벗어나려고 하는 것이고, 묘성에서는 중간 부근까지가 주계열을 벗어나며, M67에서는 이미 대부분이 주계열에서 벗어나 거성으로 변해가고 있다.

별이 주계열 부근에서 머문 채 존재하는 시간은 별의 질량에 따라 각각 다르다. 질량이 큰 왼쪽 상단의 별일수록 주계열을 빠르게 벗어나기 때문에 왼쪽 상단이 오른쪽으로 휘어지는 것은 매우 당연하다. 그리고 그 휘어진 각도가 성단마다 다른 이유는 성단의 나이가 저마다 다르기 때문이다. 다시 말해 페르세우스자리 이중성단은 질량이 크고 밝은 별이 아직 주계열에 속해 있기 때문에 탄생한 지 얼마 안 된 성단이며, 묘성은 그에 비해 어느 정도 시간이 지났고, M67은 훨씬 나이가 많은 산개성단으로 추측된다.

이 산개성단들에서 얼마만큼의 별이 주계열을 떠나고 있는지 알면 각 성단의 대략적인 나이를 가늠할 수 있다. 그 방식으로 계산을 해보면 M67의 나이는 수십억 년, 묘성은 수천만 년, 페르세우스자리 이중성단은 1,000만 년 이하로 추정되는데 구상성단의 나이인 50억 년에 비하면 모두 젊은 편이다.

별의 탄생

산개성단의 H-R도를 보면 이들이 모두 젊은 별의 집단이라는 사실을 알 수 있다. 또한 오리온자리의 흩날리는 청백색 별들이 지금으로부터 250만 년 전에 탄생했다는 점은 앞에서 설명한 그대로다. 태양과 가까운 별들의 H-R

도 역시 밝은 주계열성을 보유하고 있다. 이런 사실들은 이 별들이 우주의 나이에 비해 최근에 탄생했다는 사실을 짐작하게 한다. 게다가 산개성단끼리도 나이가 다른 이유는 모든 산개성단이 동시에 만들어진 것이 아니라 탄생한 시기에 차이가 있음을 의미한다. 즉, 별은 지금 이 순간에도 끊임없이 탄생하고 있다는 이야기다.

별은 무엇으로부터 탄생하는 걸까? 바로 이 의문에 성간물질이 다시 한 번 등장한다. 성간물질은 별에게서 빠르게 빛을 흡수하므로 은하의 구조를 알려고 할 때마다 중대한 방해를 하는 역할로 소개한 바 있다. 그리고 성간물질은 안드로메다 은하의 나선팔 안에서 발견되었고, 다시 한 번 은하로 돌아와 파장 21㎝짜리 전파에 의해 은하의 나선팔을 밝혀내는 수단으로 이용되었다. 바로 이 성간물질이 별들을 탄생시킨 모체다.

성간물질의 대부분은 가스로 이루어져 있고, 소량의 작은 먼지도 포함하고 있다. 이 먼지는 지상의 먼지처럼 지저분하지 않다. 가스에서 굳어져 나온 작은 고체일 뿐이다. 별에서 뿜어져 나오는 빛을 방해하여 은하의 중심부를 우리가 알지 못하게 숨기고 있는 범인이 바로 이 지름

1만분의 1㎝의 먼지들이다.

성간물질은 별과 별 사이에 퍼져 있지만, 어디에나 균등하게 분포되어 있는 것은 아니다. 어떤 곳은 밀도가 높고, 어떤 곳은 매우 희박하다. 성간물질의 밀도가 높은 곳은 가까이 있는 성간물질을 더욱 끌어 모으기 때문에 어떤 힘에 의해 생긴 밀도의 차이는 시간이 흐를수록 점점 더 커진다. 그리고 밀도가 높은 곳에는 별의 초기 형태, 즉 '원시별'이라고 불리는 차갑고 어두운 성간물질 덩어리가 생겨난다.

지금 이 순간에도 별이 만들어지고 있다고 한다면, 은하 내부 어딘가에는 이러한 원시별들이 존재할 것이다. 그러나 원시별은 아직 스스로 빛을 발산하지 않기 때문에 직접 관측하기는 힘들다. 하지만 네덜란드 출신의 천문학자 바르트 복Bart J. Bok은 밝은 가스 구름을 배경으로 알갱이 형태의 검고 둥근 천체가 드문드문 보인다는 사실을 밝혀냈다. 그 예는 책 서두의 가스성운 사진에서도 확인할 수 있다. 아마도 이 작은 알갱이가 우리가 찾던 원시별인 것으로 추정된다. 지금 이 순간에도 별이 탄생하고 있다는 사실을 이렇게 다시 한 번 확인할 수 있다.

성간물질로부터 탄생한 원시별은 예를 들어 전체 질량이 태양 정도일지라도 반지름이 상당히 크다. 게다가 영하 100℃, 혹은 영하 200℃와 같이 아주 차가운 가스와 먼지의 집합체다. 하지만 이 집합체는 스스로의 인력 때문에 서서히 수축하게 된다. 그리고 머지않아 별의 자체 온도가 원자핵 반응을 일으킬 만큼 고온으로 상승하게 되고, 원자력에 의해 빛을 발산하기 시작한다. 우리는 바로 이 상태를 주계열이라고 생각하는 것이다.

원시별이 주계열성이 되기 직전에 별은 수축과 함께 그 수축하는 에너지로 말미암아 빛을 내뿜는다. 만약 그 과정을 H-R도에 표시한다면 아마 오른쪽 하단부터 거의 비스듬히 왼쪽 상단으로 이동할 것이다. 그리고 원시별로 만들어졌을 때의 질량에 따라 질량이 큰 별은 주계열의 위쪽으로, 질량이 작은 별은 주계열의 아래쪽으로 흡수될 것이다.

별이 주계열성이 되기까지 걸리는 시간, 즉 차가운 성간물질 덩어리가 주계열성으로 수축하는 시간은 그 덩어리의 질량에 따라 다르다. 태양 정도의 질량을 보유한 덩어리는 수축하기까지 수천만 년이 걸리지만, 태양보다 질량이 5배 큰 덩어리는 수십만 년 정도면 주계열에 진입한다. 그리고 이 시간들은 각 별들이 다시 주계열을 벗어나기까지 걸리는 시간에 비하면 매우 짧은 시간이다. 극단적으로 말하면 성간물질 안에서 원시별이 생겨나기 시작한 후 금세 주계열성이 되고, 그 별은 얼마간 주계열로 머물러 있다가 곧 거성을 향한 진화 단계를 밟게 된다. 주계열은 별의 생애 중 한 시기의 모습이지만, H-R도상에서 별이 주계열에 머무는 시간은 다른 상태일 때보다 눈에 띄게 길다. 비교적 젊은 별 집단에서 주계열성이 많은 이유는 바로 이 때문이다. 또한 구상성단이나 산개성단에 속한 별의 H-R도를 이야기할 때 주계열부터 출발한 것도 이러한 이유 때문이다.

원시별이 주계열성이 되기까지의 시간은 앞에서 이야기한 것처럼 각 별의 질량에 따라 다르다. 그러므로 어떤 원인으로 동시에 수많은 덩어리가 생겨났고 그 덩어리들이 저마다 다른 질량을 보유하고 있다고 가정한다면, 그중에서 가장 먼저 별의 형태를 갖춘 것은 질량이 큰 별, 즉 주계열 왼쪽 상단에 위치한 청백색 별들이다. 우주의 나이에 비하면 지극히 최근에 탄생했다고 여겨지는 오리온자리의 흩날리는 별들이 모두 청백색의 밝은 별이라는 사실은 위의 가설과 잘 부합한다. 만약 이들 중에 질량이 작은 덩어리가 있다면, 그것들은 아직 별이 되지 않았을 것이다.

다시 이야기하는 구와 원반

그럼 지금까지 이야기한 내용을 다시 한 번 되짚어보자. 우리 은하 안에는 구상성단에서 발견되는 나이가 많은 별과 산개성단, 혹은 지구와 가까운 곳에서 발견되는 비교적 젊은 별들이 존재한다. 이처럼 탄생 시기가 다른 별들은 앞에서도 깊게 다룬 것처럼 두 개의 종족에 각각 속해 있다. 종족II의 천체는 오래된 별이고, 종족I의 천체는 젊은 별이다. 문제는 하나의 은하 안에 어째서 나이가 다른 두 개의 종족이 공존할 수 있는지, 그리고 그 둘 사이에는 어떤 연관성이 있는지였다.

학자들은 이때 새로운 가설을 떠올렸다. 그것은 '은하가 탄생할 때 처음 만들어진 별이 현재 우리가 종족II라고 부르는 천체이며, 종족I은 종족II가 모습을 바꾸어 나중에 탄생한 천체'라는 가설이다.

현재 구상성단에서 발견되는 별은 오래전 주계열에 속해 있던 별 중에서도 질량이 작고 그 때문에 진화 속도가 느린 별들뿐이다. 태양보다 질량이 약간 클 별들이 현재 거성이 되어 있고, H-R도의 수평 획을 왼쪽으로 움직이고 있다. 그리고 그보다 질량이 큰 별은 아마도 진화 과정을 모두 끝마친 상태일 것이다.

방금 이야기한 질량이 큰 별은 자신의 생애를 끝마칠 때 초신성과 같은 대폭발을 일으키며 사방으로 가스를 분출했을 것이다. 또한 최초의 은하에서 구상성단의 별이 탄생했을 때 역시 모든 물질이 구상성단의 형태로 별이 되어 버렸는지 모른다. 아마 맨 처음에 존재했던 가스와 이후에 초신성에 의해 분출된 가스 때문에 우리 은하 내부에 성간물질이 생겼을 것으로 추정하고 있다. 이 성간물질이 응고되어 만들어진 것이 종족 I 의 별이다.

은하의 맨 처음 모습이 어땠는지는 알 길이 없다. 다만 현재 종족 I 의 별이 보여주는 비교적 편평한 가스 덩어리는 아니었을 것이다. 오히려 오늘날 종족 II 의 분포가 그러하듯 구에 가까운 형태의 아주 커다란 가스 덩어리였을 것이다. 그 안에서 현재의 구상성단과 같은 덩어리가 생겨나고, 그 안에서 또다시 별이 탄생하지 않았을까 상상해 본다. 이러한 가설에 의하면, 구상성단의 분포가 보이는 커다란 구는 원시 은하의 흔적일지도 모른다.

원시 은하는 처음에 회전 운동을 했으리라 추정하고 있다. 오늘날 은하의 자전은 바로 그 회전 운동의 유산이다. 그리고 구상성단 안에 있던 별의 폭발과 함께 분출된 가스는 이 회전면에 서서히 침전했을 것이다. 구상성단은 전체적으로 은하의 자전에 동참하고 있지만, 아직 원시 은하의 격렬한 내부 운동을 반영하고 있다. 그래서 구 형태의 은하 공간 내부를 자유자재로 커다란 궤도를 그리며 은하의 중심 핵 주변을 돌고 있는 듯하다. 구상성단은 지금까지 몇 번이나 은하면을 가로지른 적이 있을 것이다. 은하면에는 성간물질이 서서히 모여든다. 그리고 구상성단이 은하면을 빠져나갈 때마다 은하면에 있는 성간물질과 작용하여 구상성단 안에 남아 있던 가스가 점점 사라지고 만다. 구상성단 내부의 가스는 은하면을 가로지르며 비워지고, 그와 동시에 은하면의 성간물질은 조금씩 증가한다. 책 서두의 처녀자리 나선성운 사진에서는 성간물질이 아주 희박한 원반 형태로 모여 있는 모습을 확인할 수 있다.

종족Ⅰ의 별은 이처럼 은하면에 집중되어 있던 성간물질로 만들어졌으며, 종족Ⅱ가 원시 은하의 흔적이라고 한다면 두 종족의 공간 분포가 보이는 원반 형태와 구 형태의 차이를 이해할 수 있게 된다. 그리고 이러한 가설은 종족Ⅰ이 젊은 별, 종족Ⅱ는 나이 많은 별이라는 두 종족 사이의 연령 차이와 일치한다.

종족과 원소

우리는 지금 종족Ⅰ의 별이 한 차례 별의 형체를 이루었던 물질을 모체로 하여 2차적으로 다시 태어난 별이라는 가설을 바탕으로 줄곧 이야기하고 있다. 그러나 종족Ⅰ의 별을 만드는 성간물질은 별의 모습을 꼭 한 차례만 거쳤다고 단정할 수 없다. 질량이 큰 별이 생애를 빨리 마친다는 이야기는 앞에서도 여러 번 반복해서 이미 익숙해졌을 것이다. 태양보다 질량이 10배 큰 별이 원시별에서 시작하여 주계열에 얼마간 머물렀다가 이내 거성이 되고 결국에는 초신성으로 전 생애를 마치기까지의 시간은 1억 년보다 훨씬 짧을 것으로 추정하고 있다. 그리고 태양보다 질량이 두 배 크다면 그 별의 전 생애는 대략 10억 년 정도다. 어느 쪽이든 질량이 큰 별이라면 전체 생애가 우주의 나이에 비해 지극히 짧다는 사실만큼은 분명하다. 그러므로 맨 처음 탄생한 종족Ⅰ의 별 중에 질량이 큰 별이 있다면, 그 별은 아주 빠르게 성간물질과 백색왜성으로 되돌아왔을 것이며, 그 후에 탄생한 종족Ⅰ의 별은 되돌아온 물질들이 뒤섞인 성간물질을 모체로 하고 있는 셈이다.

질량이 큰 별은 수명이 짧다는 사실로 미루어 짐작하건대, 성간물질이 이처럼 별의 모습을 취했다면 얼마 지나지 않아 다시 한 번 성간물질로 되돌아오고, 그 성간물질은 또다시 그다음 별을 탄생시키는 것이다. 달리 표현하자면, 별은 성간물질을 매개로 '윤회'를 반복하고 있다.

'별의 윤회'라는 가설에 따르면, 종족Ⅱ의 별은 원시 은하의 물질로 만들어졌으며, 종족Ⅰ의 별을 이루고 있는 물질은 적어도 한 번 이상 별의 형체를 이루었던 물질을 포함하고 있다. 원시 은하의 물질과 적어도 한 번 이상 별의 형체를 이루었던 물질 사이에는 어떤 차이가 있을까?

원시 은하의 물질이 어떤 성분이었는지는 여전히 베일

에 가려져 있다. 그 말인즉슨 우주 탄생의 초기 물질이 무엇이었는지, 그 의문부터 해결해야 한다는 의미다. 예를 들어 최초의 우주가 가장 간단한 수소만으로 이루어졌다고 가정했을 때 우주가 탄생한 극히 초반부에 어떤 원자핵 반응이 일어나 중원소를 만들어낸 것인지, 아니면 원시 은하가 만들어졌을 때도 여전히 수소로만 이루어져 있었을지에 대한 해답은 여기에서 분명하게 설명할 수 없다. 그러므로 지금은 어떤 가상의 성분을 보유한 원시 물질을 가정하여 이야기를 해보려고 한다. 그러나 원시 물질의 거의 대부분이 수소였으리라는 발상은 어떤 가설에서든 동일한 부분이다.

종족 II의 천체는 원시 물질로 만들어졌지만, 별이 진화하면서 원시 물질의 주성분인 수소가 헬륨으로 전환되었다. 그리고 별이 H-R도의 수평 획을 지날 때는 이 헬륨의 일부가 탄소, 산소, 네온 등의 무거운 원소로 바뀌었을 것이다. 아니 어쩌면 또 다른 반응이 일어나 이들보다 가벼운 원소도 만들어졌을지 모른다. 그러다가 별이 초신성이 될 때 훨씬 무거운 중원소까지 만들어지는 것이다.

원시 물질과 한 차례 별이 되었다가 그 생애를 마친 물질 사이에는 이러한 차이가 있다. 즉, 수소가 감소하면서 중원소의 양이 증가한다는 이야기다. 만약 이 가설이 맞다면 종족Ⅱ의 별과 종족Ⅰ의 별은 어딘가 다른 특징이 있어야 한다. 거기에는 두 가지 근거가 있다.

첫 번째 근거는 이 별들의 빛을 분석하여 연구한 원소 조성의 차이에서 찾을 수 있다. 종족Ⅰ의 별은 종족Ⅱ의 별에 비해 무거운 원소를 많이 포함하고 있다. 그 비율은 10배나 차이가 난다. 두 번째 근거는 그림 16에 숨겨져 있다. 그림 16에서 산개성단 M67은 비교를 위해 표시한 구상성단 M3나 M92와 유사한 H-R도를 보여주고 있다. 주계열에서 벗어나는 부분도 아주 가깝다. 그러나 주계열에서 떨어져 나와 거성으로 이동한 별을 표시한 분포는 M3에 비해 아래쪽에 위치한다. 별이 주계열을 벗어나 거성이 되는 이유는 구상성단에 속한 별의 진화를 이야기할 때 설명했듯이 별 내부에 수소를 잃은 심지가 생겨나기 때문이다. 그리고 M67의 거성이 M3의 거성에 비해 어두운 이유는 M67의 별이 무거운 원소를 많이 포함하고 있어서다. 천체의 두 종족은 각각 별을 구성하는 물질의 성분에 이러한 차이가 있다. 그리고 그 차이는 별이 윤회를 거듭한다는 가설로 자연스레 설명이 가능해진다.

태양의 근방

우리는 지금까지 구상성단과 산개성단을 택하여 그 진화 과정을 살펴보고, 별의 윤회라는 개념에 도달했다. 이번에는 다시 태양과 그 근방의 별로 되돌아올 차례다.

태양과 그 근방의 별은 H-R도를 고려했을 때 종족 I 에 속한다. 우리 지구는 수많은 종족 I 의 별이나 성간물질과 함께 은하의 회전 운동에 동참하고 있다. 또한 태양의 성분은 종족 II 의 별에 비해 무거운 원소가 많다. 그러므로 태양은 명확히 종족 I 에 속한다고 단언할 수 있다.

태양이 종족 I 에 속한 천체이고, 만일 지금까지 이야기한 가설대로 종족 I 의 별이 종족 II 의 별이 파괴된 후에 탄생한 것이라면, 태양은 적어도 한 차례 별의 형체를 이루었던 물질이 모습을 바꾸어 탄생한 천체여야 한다. 이러한 가설이 어쩌면 허무맹랑하게 들릴지도 모르겠다. 만약 태양이 오리온자리의 별들처럼 수명이 아주 짧다면 우주의 나이에 비해 아주 최근에 탄생한 별, 그러니까 2세대 이후의 별이라고 단정해도 좋을 것이다. 그러나 태양은 수명이 100억 년에 달하고, 탄생한 후 지금까지 얼마나 지났는지 계산하기 어렵기 때문에 태양이 구상성단의 별들보다 나중에 태어났다는 직접적인 증거는 없다.

태양의 나이를 측정하기는 힘들지만, 지구의 나이는 대략 40억 년이라고 알려져 있다. 만일 이 숫자를 그대로 태양의 나이라고 생각한다면, 40억 년이라는 나이는 구상성단의 나이인 50억 년에 비해 조금 젊다. 하지만 지구의 나이든, 구상성단의 나이든 모두 정확한 숫자는 아니기 때문에 그들이 다르다는 사실을 강조해도 별반 의미가 없다. 우리는 오히려 종족 I 과 종족 II 의 인과관계로부터 태양이 윤회를 거듭해온 별이라고 추정하려는 것이다. 그리고 태양보다 질량이 10배 큰 별의 생애가 1억 년 이하라는 사실을 고려하면 구상성단이 만들어지고 5억 년, 혹은 10억 년 후에는 2세대 별을 만들어낼 만큼의 모체가 충분히 생겨났을 것이기 때문이다.

태양과 가까운 별은 특별히 성단과 같은 집단을 형성하고 있지 않다. 종족 I 의 별이 탄생했을 때 단독 별로도 탄생하는지, 성단이나 흩뿌려지는 별들처럼 집단으로만 탄생하는지는 아직 분명히 알 수 없다. 그러나 만약 별이 집단으로 탄생한다고 해도 얼마간의 시간이 흐른 후에는 그 집단이 붕괴되고 말 것이다. 그리고 우주 공간에는 저마다 나이가 다른 별이 섞여 들어와 평균적으로는 주계열이 대부분인 H-R도를 형성하게 된다. 태양과 가까운 별의 H-R도가 각 산개성단의 H-R도처럼 주계열이 눈에 띄는 곡선을 보이지 않는 이유는 지구와 가까운 별이 하나의 산개성단처럼 동시에 태어난 순수한 계통이 아니라 여러 종류의 집단에서 만들어진 별들이 뒤섞여 있는 상태이기 때문으로 추정된다. 또한 베텔게우스, 안타레스, 또 그 밖의 거성들은 이처럼 다양한 종류의 주계열에서 떨어져 나와 나이가 제각각 다른 별들인 것이다.

그 밖의 다른 요소들

4장을 시작하며 계속 이야기해온 별의 진화 과정, 특히 '별의 윤회'라는 개념은 천체의 두 종족이 보이는 H-R도의 차이, 공간 분포의 차이, 성간물질의 차이를 설명하는 매우 유력한 가설이다. 그러나 아직 진화의 여러 단계가 상세한 계산을 통해 이론화되기 전이다. 예를 들어 구상성단 H-R도의 수평 획이 정말로 별의 어떤 상태를 말하는지, 또 별의 생애 마지막에 초신성이 된다는 건 어떠한 메커니즘에 의한 것인지 등 아직도 검증해야 할 사안들이 수두룩하다. 솔직히 말해 지금까지 이야기한 내용들 중에는 상상에 의존한 가설이 상당수다. 그러나 우려를 무릅쓰고 이런 가설들을 굳이 소개한 이유는 현재로서는 이 가설들이 여러 면에서 가장 유력한 이론이라고 믿고 있기 때문이다. 또한 이러한 가설을 바탕으로 우주의 모습을 바라보다가 어딘가에 모순이 발생하면 그때 가설을 수정해나가면 좋겠다고 생각하기 때문이다.

예를 들어 대강의 줄기는 지금까지 이야기한 가설이 합당하다 할지라도, 더욱 자세히 검토해야 하는 부분은 얼마든지 있다. 한 예로 우리는 별이 원자력에 의해 빛나는 동안 그 질량은 거의 변하지 않는다고 생각해왔다. 그런데 현실에 존재하는 별 중에는 표면에서 끊임없이 가스를 분출하는 별이 있다. 특히 서로 근접해 있는 쌍성은 한 별이 거성으로 진화하면 그 표면이 서서히 벗겨지는데, 중심에서는 진화를 거듭하지만 표면으로부터 물질을 끊임없이 잃는다고 한다. 이러한 별은 일종의 기형에 해당하지만, 그 별이 어느 시기에는 평범한 신성으로 폭발한다고 추정하고 있다. 게다가 별은 성간물질 사이를 지나는 동안에 성간물질을 흡착하여 질량을 늘리기도 한다. 우리는 여태 어떤 별이든 자전 속도가 느리고 별 내부의 물질이 잘 섞이지 않는다고 가정해왔다. 그러나 별 중에는 태양보다 아주 빠르게 자전하는 별들도 있다. 이러한 별 내부에서 물질의 혼합을 완전히 무시해도 되는 걸까?

또한 별을 이루는 물질 구성을 바꾸는 것은 별 내부에서 일어나는 원자핵 반응뿐이라고 생각해왔다. 하지만 특별한 경우에는 별의 표면에서도 원자핵 반응이 일어난다. 앞에서 소개한 자기장을 보유한 별이 바로 그 예다. 그 별의 자기장은 별 전체적으로 갖고 있는 것인지, 혹은 태양의 흑점을 아주 크게 확대한 듯한 부분적인 것인지는 아직 확실하지 않다. 그러나 이토록 강력한 자기장은 사이클로톤과 같은 고속도 입자를 만들어내고, 그것 때문에 특별한 원자핵 반응이 일어난다고 추정하고 있다. 변환되는 양은 많지 않지만 다른 별에 비해 이 별의 원소 구성이 남다른 까닭은 이러한 이유 때문이다.

3. 우주의 진화

별들의 조우

앞에서 우리는 별의 생애와 끊임없이 변화하는 다양한 모습을 살펴보았다. 그리고 이제는 우주 전체의 진화를 생각하는 단계에 이르렀다. 그 첫걸음으로 다시 태양계로 돌아가 태양계라는 집단이 어떻게 탄생했는지 간략히 소개하려고 한다.

태양계가 어떻게 탄생했는지는 다른 별에도 행성계가 있느냐 없느냐, 혹은 태양계 외에도 지구처럼 생명체가 존재하는 천체가 있느냐 없느냐와 직접적인 관련이 있다. 만약 태양계가 아주 우연한 사건에 의해 탄생한 거라면 1,000억 개에 달하리라 추정하는 은하 안의 행성 중에서 행성계를 보유한 별은 손에 겨우 꼽을 정도일 것이다. 반대로 지극히 일상적인 사건으로 행성계가 만들어지는 거라면 은하 안에는 수많은 행성이 존재해야 한다.

오래전 칸트와 라플라스는 태양계가 소용돌이치는 가스 구름에서 탄생했다고 믿었다. 그 가설의 바탕에는 안드로메다 은하의 나선팔이 있었다. 당시는 성운이 태양계의 모체가 될 만큼 뜨겁게 불타는 작은 가스 구름이라고 생각했는데, 안드로메다 은하가 은하에 필적하는 거대한 별의 집단이라는 것은 오늘날의 우리도 잘 알고 있는 사실이다. 칸트와 라플라스의 가설은 그 출발선에서부터 오류가 발생했다고 볼 수 있다.

출발선은 둘째 치고 그 가설은 또 다른 결점을 갖고 있다. 바로 태양계의 행성 궤도가 설명되지 않는다는 점이다. 행성은 거의 하나의 평면 위를 운동하고 있다. 그 부분은 괜찮다. 그러나 소용돌이치는 하나의 가스가 굳어져 태양계가 탄생했다면 태양의 자전과 행성의 공전은 모체가 되는 하나의 가스 회전으로 직접 탄생했다는 사실에 의해 정해진 어떠한 법칙을 따르고 있어야 한다. 하지만 현실의 태양계는 그렇지 않다. 태양은 태양계 안의 다른 모든 천체를 합친 질량보다 훨씬 큰 질량을 보유하고 있다. 그럼에도 불구하고 회전의 양을 거의 분배하지 않고 있다. 즉, 행성은 태양의 자전에 비해 엄청나게 빠른 속도로 돌고 있다. 달리 말하면 빠른 부분을 돌고 있다고 말하는 편이 나을지도 모르겠다. 어쨌든 태양계가 보여주는 회전 운동의 다양함은 하나의 가스에서 굳어졌다고 가정할 때

도저히 설명하기 힘든 모순점을 안고 있다.

　이러한 회전 운동의 모순을 해결하기 위해 등장한 가설이 있다. 아주 오래전, 태양의 바로 옆을 다른 별이 지나갔다는 가설이다. 다른 별이 태양에 거의 스치듯이 아슬아슬하게 다가오자 태양과 그 스쳐 지나가는 별에서 가스가 분출했다는 발상이다. 그 가스는 길고 가느다란 띠를 닮은 구름 형태로 태양에서 멀어지는데, 스쳐 지나가는 별 뒤로 끌려가기 때문에 마지막에는 태양 주위를 돌게 된다. 행성은 그 가스가 차갑게 굳어져 만들어졌다는 것이 이 가설이 주장하는 바다.

　만일 이러한 제2의 별이 정말 존재했다면, 그 별이 태양에 근접했을 때의 거리와 속도를 다양하게 바꿔가며 계산함으로써 앞에서 이야기한 회전 운동의 모순을 해결할 수 있으리라 믿었다. 영국의 천문학자 제임스 진즈James Jeans가 주장한 이 가설은 20세기 전반을 지배한 유력한 발상이었다.

　진즈의 주장에 따르면 태양계의 탄생은 매우 우연한 사건이었다. 은하 안에는 수많은 별들이 존재하지만, 별 자체의 크기에 비해 별과 별 사이의 거리가 지나치게 멀기 때문이다. 예를 들어 태양을 지름 1㎜짜리 좁쌀이라고 한다면, 다음 항성은 약 30㎞ 떨어진 곳에 위치해야 한다. 서로 30㎞나 떨어진 좁쌀을 각각 자유로운 방향으로 1년에 수십 ㎝라는 속도로 움직여 그중에 한 두 개가 거의 스칠 정도로 가까워질 확률을 생각해보면, 태양계가 탄생한 것이 얼마나 희귀한 사건이었는지 깨닫게 된다. 진즈의 연구에 의하면 은하 내부에서 지금까지 만들어진 행성계의 수는 손가락으로 꼽을 정도라고 한다. 만약 정말로 그렇다면 우리 태양계는 은하 안에서 매우 귀한 존재가 아닐 수 없다.

하지만 진즈의 발상에는 커다란 오류가 숨어 있다. 두 별의 만남으로 분출된 가스는 아마도 순식간에 허공으로 흩어졌을 텐데, 그렇다면 가스가 행성으로 굳어지는 일은 일어나기 힘들기 때문이다. 그것은 마치 진공 상태에서 한 줌의 가스를 풀어놓은 것과 마찬가지다. 태양이 가스 덩어리이면서도 그 형태를 유지하고 있는 이유는 태양의 질량이 엄청나게 크기 때문이다. 태양 내부에서 분출된, 질량은 작지만 매우 고온의 가스는 즉시 퍼져 나가버리기 때문에 새로운 별을 창조하기란 불가능하다. 행성이 태양

에서 분출된 물질로 만들어졌다는 가설은 이처럼 중대한
의문점을 남겼다.

.

우주와 수명

지구와 그 밖의 행성이 태양 옆을 제2의 별이 스쳐지나
가며 떨어져 나와 탄생했다는 가설은 이렇게 부정되었다.
그리고 태양계 생성론은 다시 한 번 칸트와 라플라스의 가
설로 되돌아왔다.

칸트와 라플라스가 태양계 최초 모습의 표본으로 안드
로메다 은하를 꼽은 것은 잘못이었다. 그러나 앞에서 소
개한 별의 진화 과정에 의하면, 별은 성간물질의 응집으로
탄생한 걸로 보인다. 새로운 태양계 기원설은 안드로메다
은하 대신에 이러한 성간물질의 응집, 앞에서 사용한 단어
로 이야기하자면 원시 태양을 태양계의 모체로 여기고 있
다.

진즈의 가설처럼 두 별의 스쳐 지나가는 만남이 행성계
의 기원이라면 행성을 보유한 항성은 은하 안에서도 매우
드물지만, 만약 원시별에서 항성이 생겨날 때 행성이 탄

생하는 것이라면 행성계는 오히려 흔하게 존재해야 한다. 앞에서 소개한 백조자리 61의 행성계는 아직 확실하지 않으니 보류한다고 해도, 태양계가 그렇게 드문 존재는 아니라는 가설에 유리하게 작용할 요소는 그 밖에도 있다. 그것은 바로 쌍성의 존재다.

쌍성은 두 개의 항성이 서로 공전하고 있는 별을 말한다. 두 별은 질량이 꼭 같지 않고, 한 쪽이 다른 쪽보다 무거운 경우가 대부분이다. 쌍성을 이루는 두 개의 별 중에서 한쪽이 질량의 대부분을 차지하고 다른 한쪽이 자잘하게 갈라진 것이 태양계라고 한다면, 태양계나 행성계는 쌍성의 변형이라고 생각할 수 있다. 네덜란드에서 태어난 미국의 천문학자 제러드 카이퍼Gerard Peter Kuiper에 따르면, 쌍성을 이루고 있는 두 별의 질량이 달라도 그러한 쌍성이 현실에 존재하는 빈도에는 큰 변화가 없다고 한다. 다시 말해 원시별이 두 개의 별이 될 때 그 두 별이 어떤 배합으로 갈라지든 그 현상이 일어나는 방식에는 큰 차이가 없다는 의미다. 오늘날 태양계 내부의 천체를 모아도 그 총 질량은 태양의 1,000분의 1 정도밖에 되지 않지만, 새로운 가설 안에서는 행성이 만들어졌을 때 아마도 태양의 10분의 1 정도는 되었으리라 가정하고 있다. 현재까지 알려져 있는 쌍성의 통계로 추측해보건대, 두 별의 질량비가 1 대 0.1 이하라면 전체의 20%라고 볼 수 있다. 또한 모든 별 중에서 쌍성을 이루고 있는 별은 절반 이상으로 짐작하고 있기 때문에 두 별의 질량이 1 대 0.1 이하의 배합인 쌍성으로 탄생했다는 말은 모든 별 중 10%라는 의미다. 이 수치는 제쳐두고 행성계가 쌍성의 연장선이라고 생각한다면 행성계가 존재하는 비율은 상당히 클 것으로 예상된다. 즉, 원시별에서 별이 탄생할 때 어떤 별은 단독별이 되고, 어떤 별은 쌍성이 되고, 또 어떤 별은 행성계를 보유하게 되었다는 뜻이다.

하나의 원시별에서 태양계가 만들어졌다면 당연히 칸트와 라플라스가 당면했던 회전 운동의 모순을 해결해야만 한다.

칸트와 라플라스 시대에는 태양의 현재 성분도 지구와 똑같이 중원소로 이루어졌다고 생각했다. 그러나 오늘날의 관측 결과에 따르면 태양, 그리고 우주의 다른 곳에서 수소와 헬륨이 다른 무거운 원소보다 압도적으로 많이 존재한다는 사실이 명확히 밝혀졌다. 지구처럼 중원소를 많이 보유한 천체가 만약 우주의 공통된 물질로부터 탄생한 것이라면, 과거에 그 대부분을 차지하는 수소와 헬륨을 잃고 말아 중원소를 주성분으로 하는 극히 일부만이 현재 남아 있는 셈이다. 따라서 지구를 탄생시킨 모체는 현재의 지구보다 질량이 100배 정도 컸을 것이다.

만일 지구와 다른 행성을 탄생시킨 모체가 현재보다 질량이 100배 컸다면, 행성들이 처음에 갖고 있던 회전 운동의 크기는 오늘날 행성의 질량으로 고려했을 때 타당하다고 생각하는 규모보다 훨씬 컸을 것이다. 그러므로 만약 그 회전 운동량을 지금까지 계속 갖고 있다면, 행성이 빠르게 돌고 있다는 부분이 설명 가능해진다. 하지만 원시 행성에서 현재의 모습이 되기까지 거침없이 잃어버렸던 가스는 그 회전 운동 역시 함께 가져갔을 것이므로 칸트와 라플라스가 당면했던 문제가 여전히 남아 있다. 태양계의 회전 운동에서 의문이었던 부분에 대해서는 행성이 빠르게 공전하고 있는 것이 아니라 태양의 자전이 어떠한 이유로 느려졌다고 생각하는 편이 나을지도 모른다. 이 문제는 이쯤에서 유보하기로 하고, 원시 태양에서 태양계가 탄생한 모습은 어떻게 생각하면 좋을까?

독일의 과학사상가 카를프리드리히 폰 바이츠제커와 미국의 천문학자 제러드 카이퍼는 원반 형태였던 원시 태양 안에 몇 개의 소용돌이가 생겼다고 주장했다. 소용돌이들은 크기가 제각각 다르고 수명 역시 다양했다. 그리고 하나하나의 소용돌이 안에는 물질이 모여들었다. 그렇게 물질이 조금씩 모이면 인력이 작용하여 가속도가 붙기 때문에 물질이 더 많이 모여들게 된다. 하지만 소용돌이의 수명이 짧거나 소용돌이의 크기가 작으면 태양의 인력에 방해를 받아 물질의 덩어리가 커지기 힘들었을 것이다. 이러한 제약을 이겨내고 물질이 모여 굳어진 것이 행성이라는 주장이었다. 그리고 행성의 크기와 배열을 이 가설에 근거하여 계산해보면, 오늘날 태양계의 모습을 설명할 수 있다고 이야기했다.

태양계의 기원에는 그 밖에도 아직 여러 가지 가설이 존재한다. 이를테면 러시아의 자연과학자 오토 시미트Otto Yulyevich Shmidt와 스웨덴의 천문학자 한네스 알벤Hannes Olof Gösta Alfvén처럼 행성계를 만든 물질은 태양이 성간물질의 밀도가 높은 장소를 지날 때 흡착한 성간물질이라는 가설도 있다. 앞서 소개한 바이츠제커와 카이퍼의 가설에서는 행성 역시 태양을 만든 성간물질로부터 만들어졌다고 믿었는데, 시미트와 알벤의 가설에서는 행성이 태양에 흡착된 성간물질로부터 탄생했다고 추정하고 있다. 그러나 이 가설들은 공통점이 있다. 행성을 만들어낸 물질은 태양에서 분출된 가스가 아니라는 점이다. 회전 운동량에 대한 문제에서는 시미트와 알벤의 가설이 조금 더 설득력이 있다.

태양계가 어떻게 탄생했는지 지금 이 책에서 단정해서 말할 수는 없다. 다만 지금까지의 가설로 미루어보아 행성은 아주 우연한 사건의 결과물은 아닌 듯하다. 만약 카이퍼처럼 행성계를 쌍성의 연장선으로 생각한다면, 아마도 별 10개 중 하나는 행성계를 보유하고 있어야 한다. 만일 그렇다면 1,000억 개의 태양이 존재하는 은하에는 100억 개의 행성계가 존재한다는 의미다. 그리고 이처럼 행성계의 수가 엄청나게 많다면 생명이 살 수 있는 장소 역시 무궁무진할 것이다. 우리가 올려다보는 밤하늘의 몇몇 별들 옆에 보이지 않는 행성이 존재하며 그곳에 생명이 싹트고 있다고 상상하다 보면, 넓고 아득한 우주에서도 따뜻한 온기를 느끼게 된다.

30분 요리

우리가 현재 머나먼 성운을 관측하며 알고 있는 사실은 먼 성운일수록 빠른 속도로 후퇴하고 있다는 점이다. 역산해보면 지금으로부터 약 50억 년 전에는 모든 성운이 거의 한 점이었다는 말이 된다. 앞부분의 논쟁거리는 모두 미뤄두고, 또 무슨 이유로 현재 성운들이 후퇴하고 있는지도 미뤄두고, 약 50억 년 전을 우주의 시작이라고 생각해보자. 지금까지 우주의 나이를 50억 년이라고 말해온 것은 이런 의미였다.

최초의 우주에는 아직 별도, 성운도 없이 혼돈 상태의 원시 물질만이 존재했을 뿐이다. 그 원시 물질은 엄청난 고온에 고밀도였을 것으로 추정된다. 그러다가 어떤 힘에 의해 팽창하기 시작해 그 안에서 먼저 성운으로 나눠지고, 성운 안에서 별이 탄생하게 된 것이다.

원시 물질이 무엇이었는지에 대해서는 아직 확실한 가설이 존재하지 않는다. 랠프 앨퍼Ralph Asher Alpher, 한스 베테, 조지 가모프는 원시 물질이 중성자였다고 주장했다. 중성자는 불안정하기 때문에 쉽게 파괴되어 양자, 즉 수소원자핵으로 바뀐다. 그들의 가설에 의하면 우주의 시작에 존재하던 중성자에서 수소가 생기기 시작할 때 중성자는 수소와 결합해 중수소를 만들고 계속해서 중성자가 덧붙여져 무거운 중원소가 만들어진다. 만약 중성자가 천천히 파괴되고 원시 우주가 언제까지나 똑같이 밀도가 높았다면, 중원소는 현재 관측되는 양보다 훨씬 많이 만들어졌을 것이다. 그러나 중성자는 수십 분 사이에 수소로 나누어지고, 그와 동시에 우주는 팽창한다. 우주가 팽창하면 중원소를 많이 만들어내기 전에 반응이 끝나버린다. 그러므로 중원소는 오늘날 우주에서 발견되는 양 정도밖에 존재하지 않는 것이다. 비유하자면 원소를 만들어내는 요리를 처음 30분 사이에 끝내버렸다는 것이 그들이 내세우는 우리 우주의 속사정이다.

이 가설은 꽤나 설득력이 있지만 치명적인 결점이 있다. 수소로 출발한 후 중성자를 덧붙여가며 중원소를 만들어낼 때 헬륨과 붕소 사이에 도무지 뛰어넘기 힘든 장벽이 존재하기 때문이다. 다시 말해 헬륨에 중성자를 하나 덧붙이고 또 하나의 중성자를 덧붙이려고 해도 최초에 만들어졌을 원자핵이 순간적으로 파괴되어 아무리 해도 다음 중원소 단계로 잘 진행되지 않는다.

앨퍼, 베테, 가모프의 가설에는 그 밖에도 다양한 비판이 존재하며, 그와 동시에 어떻게든 가설을 수정하여 그들의 주장을 부활시키려는 노력도 이어지고 있다. 예를 들어 헬륨 세 개로 탄소를 만들어 헬륨의 다음 장벽을 뛰어넘을 방안을 고안하여 가설을 수정하는 것인데, 그렇게 한다 해도 아주 좁은 문이 열릴 뿐 최초의 우주에는 모든 원소가 현재 발견되는 양만큼만 만들어졌다는 이야기는 아니다.

원시 물질이 무엇이었는지, 그리고 원시 성운이 탄생했을 때 어떤 물질로 구성되어 있었는지는 위와 같은 이유로 아직 확실하지 않다. 그러나 앞에서 이야기해온 별의 진화 과정에 근거하면, 별이 전 생애를 거치는 동안에 새로운 원소를 만들어내고 있는 사실만큼은 분명하다. 별 내부에서 만들어진 원소는 초신성의 폭발로 흩뿌려진다. 그러므로 원시 성운의 물질이 무엇이었든, 그것은 시간과 함께 '오염'을 거듭해왔을 것이다.

소용돌이와 타원

원시 우주의 물질은 서서히 작은 덩어리로 분리되고, 그 덩어리가 성운 하나하나의 모체가 된다. 그리고 성운 안에 성단이 만들어지고, 또 별이 탄생한다. 우리 은하에서 최초로 탄생한 별은 현재 우리가 종족Ⅱ라고 부르는 별이며, 원반 형태로 모여 나선팔을 보유한 종족Ⅰ의 별은 그 이후에 탄생했다.

그런데 성운 중에는 안드로메다 은하의 반성운처럼 나선팔을 갖고 있지 않은 종류, 즉 타원성운도 있다. 과연 나선팔을 보유한 성운과 나선팔을 보유하지 않은 성운 사이에는 어떤 연관성이 있을까?

타원성운을 구 형태에 가까운 것부터 타원 형태에 가까운 순으로 늘어놓고, 다시 나선성운과 막대나선성운으로 나누어 다시 나열하면 그림 17과 같은 성운의 계통이 완성된다. 이러한 그림을 보면 성운이 왼쪽에서 오른쪽 순으로 진화했으리라 생각하기 마련이다. 그 진화의 원인으로 추정한 내용은 다음과 같다. 처음에 구 형태였던 성운은 수축과 함께 회전이 빨라져 형태가 점점 편평해지고, 회전이 더욱 빨라지면서 나선팔이 생긴다고 생각한 것이다.

[그림 17] 성운의 계통

하지만 안드로메다 은하의 사례에서 알 수 있듯이 평균적으로 타원성운 쪽이 나선성운보다 작고, 또 질량을 살펴봐도 타원성운은 나선성운의 수십분의 1밖에 되지 않는다. 그러므로 타원성운에서 나선팔이 생겨 나선성운이 된 것은 아니다.

시각을 전혀 달리하여 바라보면 타원성운은 나선성운의 중심부만을 빼낸 것이라는 발상도 가능하다. 두 종류의 성운 모두 종족 II 라는 점이나 질량의 측면에서도 타당해 보인다. 즉, 나선성운의 나선팔이 성운에서 서서히 떨어져 나온 후의 모습이 타원성운인지도 모른다. 만약 그렇다면 성운의 진화 과정은 오히려 그림 17의 오른쪽에서 왼쪽으로 진행되어야 맞을 것이다.

나선성운과 타원성운의 인과관계는 그 밖에도 더 있다. 바로 앞에서도 이야기한 성운과 성운의 충돌이다. 성운들이 밀집되어 있는 성운단에서는 특히 중심 부분에 타원성운이 많이 모여 있다. 그 이유는 성운의 충돌로 성운이 보유하고 있던 성간물질이 증발하여 사라지는 바람에 이미 새로운 종족 I 의 별을 만들 모체를 잃었기 때문이다.

　나선성운의 나선팔 주변에는 밝은 별들이 모여 있는데, 소용돌이 형태의 나선팔을 만드는 것은 아마 별 때문이 아닐 것이다. 성운단 안에서 충돌 때문에 성간물질을 잃은 성운이 나선팔을 보유하고 있지 않은 이유는 나선팔을 만드는 것이 성간물질의 특수한 성질이라는 사실을 의미한다. 그러나 어떻게 나선팔이 생기는지, 또 나선성운과 타원성운이 어떠한 진화 과정을 걷는지는 아직 명확한 이론이 존재하지 않기 때문에 성운의 진화에 대한 이야기는 이쯤에서 마치도록 하겠다.

결론

나는 이 이야기를 밤하늘을 장식하는 유명한 별자리 신화에서부터 시작했다. 각각의 별의 실체를 깊게 연구할수록 별과 관련된 신화와 전설은 점점 희미해지는 듯하지만, 우주의 장대한 구조와 그 안에 펼쳐진 별들의 끝없는 변모는 신화에 버금가는 새로운 드라마를 창조하고 있다.

우주는 과거 약 50억 년 동안 팽창을 거듭해왔다. 그 팽창의 시작에 어떠한 요리가 행해져 어떠한 원소가 만들어졌는지는 아직 명확하지 않다. 그러나 우주의 팽창과 함께 원시 물질이 서서히 작은 덩어리로 분리되었고, 그렇게 해서 무수한 원시 성운이 탄생한 것으로 보고 있다.

그리고 성운 내부에서는 또다시 여러 개의 덩어리로 나누어지고, 그 각각의 덩어리가 오늘날 구상성단의 모체가 됐을 것으로 추정된다. 구상성단 안에서 최초로 만들어진 별은 H-R도의 주계열상에 있었겠지만, 그중 질량이 큰 별은 이미 별로서의 생애를 모두 끝마쳐버렸다. 그리고 전 생애를 마친 별은 최후의 폭발로 별 내부의 물질을 우주 공간에 흩뿌린 후, 자기 자신은 백색왜성으로 모습을 바꾼다. 별의 폭발로 분출된 가스는 은하면에 모이는데, 이곳에서 나선팔이 만들어짐과 동시에 그 안에서 2세대 별이 탄생한다. 그리고 그중 일부는 3세대의 별일지도 모른다. 이렇게 은하면에 집중되어 있는 별이 2세대 별이며, 태양 역시 적어도 2세대 별일 것으로 추정되고 있다. 태양은 지금도 수소를 서서히 헬륨으로 전환시키며 열핵 반응에 의해 빛을 내뿜고 있다. 그러나 태양의 미래에는 오늘날 구상성단 H-R도가 보여주는 진화 과정이 기다리고 있다. 그러므로 태양은 열이 계속 증가하여 결국 거성이 되고, 더욱 먼 미래에는 언젠가 생애를 마칠 것이다.

50억 년 전부터 시작된 우주의 팽창은 여전히 현재진행형이다. 저 먼 곳에 있는 성운은 단순히 멀리 떨어져 있는 것이 아니라 지구로부터 아주 빠른 속도로 멀어지고 있기 때문에 스펙트럼의 색이 붉은색에 치우쳐 빛이 더욱 약하다. 우리가 관측할 수 있는 성운의 개수는 우주의 팽창과 함께 점점 줄어들어 먼 훗날의 우주는 쓸쓸한 모습이 되어버릴 것이다. 영국의 천문학자 프레드 호일Fred Hoyle은 성운이 점점 멀어지기 때문에 관측 가능한 범위 안의 성운이 조금씩 줄어들지만, 마치 그 수를 보충해주듯 우주에 퍼져 있는 에너지로 물질이 생성되기 때문에 전체적으로는

우주의 모습이 크게 변하지 않으리라고 주장했다. 수많은
가설 중에서 어떤 생각이 옳은지는 아직도 검증 단계다.
이처럼 우주의 미래 모습은 의문부호로 남아 있다.

덧붙이는 글

본문에서 설명을 이어가다 보니 정황상 역사적으로 볼때 정확하지 않은, 돌려 말하는 표현 방식을 사용한 부분이 몇 군데 있음을 고백한다. 책의 특성상 독자 여러분이많이 이해해주기를 바라지만, 그중 하나는 역시 부연 설명을 해두는 편이 좋을 듯하다. 그것은 바로 성운의 거리가두 배로 늘어난 사정이다. 본문에서 이 내용과 관련 있는부분은 '깜빡이는 등대', '안드로메다', '두 배의 오류'의 내용이다.

안드로메다 은하나 구상성단을 측정하는 기준은 맥동성들인데, 우리는 그 별들에게 '깜빡이는 등대'라는 별명을 붙였다. 그리고 그 주기와 실제 밝기 사이의 관계가 지금까지 그림 18의 (a)와 같다고 생각해왔다. 그런데 1952년 이후에 사실은 (b)라는 사실이 밝혀졌기에 거리를 수정해야만 했다. 거리를 두 배로 늘려야 하는 쪽은 종족 I의 별을 이용해 측정했던 안드로메다 은하나 그 밖에 멀리 떨어져 있는 성운들이고, 종족 II의 성단형 변광성을 이

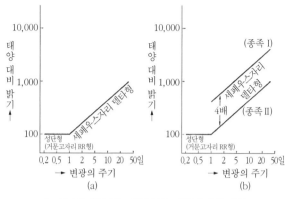

[그림 18] 맥동하는 변광성 주기와 밝기의 관계

용해 측정했던 구상성단의 거리는 변경할 필요가 없었다. 그러므로 구상성단을 이용해 구했던 우리 은하의 크기는 두 배로 늘리지 않아도 된다.

그렇다면 지금까지 어째서 이런 오류를 눈치 채지 못했던 걸까? 그 원인을 되짚어보자.

지구의 북반구에 살고 있는 우리 눈에는 보이지 않지만, 남반구의 하늘에는 항해가 마젤란Ferdinand Magellan의 이름이 붙은 별의 두 집단, 큰 마젤란 성운과 작은 마젤란 성운이 있다. 이 성운들은 우리 은하 바로 옆에 위치하는 이른바 은하계의 동생 성운인데, 1910년 무렵에 미국의 천문학자 헨리에타 리비트_{Henrietta Swan Leavitt} 여사는 그 안에서 세페우스자리의 변광성, 즉 세페이드 변광성을 발견했고, 곧 그 변광 주기와 겉보기 밝기 사이의 연관성을 알아냈다.

문제는 이 별들의 실제 밝기다. 이 종류의 별은 세페우스자리 델타처럼 마젤란 성운보다 훨씬 가까이 우리 은하 안에도 존재하지만, 그런데도 삼각측량법을 이용해 밝기를 측정하기에는 거리가 지나치게 멀다. 그러자 덴마크의 천문학자 아이나르 헤르츠스프룽과 할로 섀플리는 별의 겉보기 운동을 이용하여 통계적으로 거리를 구했다. 가까운 별은 외관상 빨리 움직이는 것처럼 보이기 때문이다. 이러한 과정으로 수일에서 십여 일이라는 주기를 보유한 세페이드 변광성의 실제 밝기가 확정되었다.

한편 구상성단에서는 하루 이내의 주기를 지닌 변광성이 잔뜩 발견되었는데, 이후 십여 일 이상의 주기를 보유한 변광성은 소량 발견되었다. 후자처럼 주기가 긴 변광성이 마젤란 성운에서 발견되었는데, 이미 실제 밝기를 알고 있는 세페우스자리의 별과 같은 별이라고 생각하는 것은 지극히 당연한 일이다. 그리하여 성단형 변광성의 밝기는 태양의 약 100배이고, 맥동성은 주기가 짧은 별부터 주기가 긴 별까지가 그림 18의 (a)와 같이 깔끔한 한 줄의 관계인 것으로 정리됐다. 1920년 무렵에는 새플리가 이러한 관계를 발표한 후에 성단형 별에 대해서도 역시나 운동으로부터 통계적인 거리를 구했다. 그렇게 구한 성단형 별의 실제 밝기도 태양의 약 100배 정도였다. 이렇게 1920년 무렵에 발표되어 1951년에 바데가 수정할 때까지 새플리가 구한 (a)의 깔끔한 관계가 모든 연구에 사용되었다.

1952년에 바데가 200인치 망원경을 사용하여 안드로메다 은하를 관측하고, 종족이라는 신개념을 바탕으로 (b)라는 새로운 관계에 도달했다는 것은 본문에 언급한 그대로다. 주기가 수일 이상인 마젤란 성운이나 안드로메다 은하의 변광성과 구상성단 안의 비슷한 주기를 보유한 별을 서로 겹쳤던 것이 잘못이었다. 그 별들은 사실 네 배나 차이가 났기 때문이다.

그러나 종족 I 에 속한 세페우스자리의 밝기는 원래 별운동의 통계적인 연구로 얻어낸 수치이며, 종족 II 의 성단형도 동일한 통계적 연구로 얻은 밝기와 일치했다. 그러므로 어느 한쪽이, 혹은 둘 다 잘못된 것이어야 했다.

현재 생각으로는 성단형 쪽이 옳고, 세페우스자리 쪽에 오류가 있다고 여기고 있다. 그것은 종족 I 의 세페우스 쪽이 평균적으로 멀리 있는 탓에 거리를 단정하기 어려우며, 이 별들이 은하면에 집중되어 있어서 성간물질에 의한 흡수로 그 밝기를 어둡게 짐작하고 있었기 때문이다. 본문에서 이야기한 베타 안드로메다 은하 안에서의 신성의 통계도 이 발상과 일치한다. 그러나 이들 사이의 사정이 전부 해결되었다고 해서 더 이상 의문의 여지가 없다고는 생각하지 않는다. 거대 망원경의 활약으로 아직도 몇몇 가설은 수정이 필요해졌다.

　그리고 본문에서는 안드로메다 은하의 거리가 원래 68만 광년이었다가 150만 광년으로 수정되었다고 이야기했는데, 원래 75만 광년이었다가 현재 수치가 175만 광년이라고 주장하는 학자도 있다. 또한 이 책에서는 우주의 나이를 50억 년이라고 단정해서 이야기했지만, 이 수치도 수정이 필요하다. 이후의 연구에서는 60억 년이라는 계산 결과도 나왔기 때문이다. 종족이라는 개념을 발견한 것을 계기로 우주의 구조와 진화에 대한 생각이 크게 변화하고 있는 셈이다.

역자 후기

언젠가 유성우流星雨를 관측하겠다며 밤을 지새운 적이 있다. 비록 이름처럼 '별이 비처럼 쏟아지는' 광경은 보지 못했지만, 별똥별 하나가 떨어질 때마다 두 손을 모으고 소원을 빌던 추억 하나는 건졌다.

내 기억처럼 사람들은 땅을 디디고 서 있으면서도 자꾸만 하늘을 바라본다. 높은 곳에 대한 갈망이 있어서일까. 그러나 바쁜 현대인들은 저 높은 하늘 위에 드넓은 대우주가 펼쳐져 있다는 사실을 잊고 사는 듯하다. 하긴 대부분의 사람들은 달이나 별자리에 대해서도 별다른 감흥을 느끼지 못한다. 항상 거기 있는 것, 영원히 거기 있을 것으로 생각하며 호기심을 저만치 미뤄둔다.

그러나 우리의 기대와 달리 우주는 멈춰 있는 법이 없다. 우주는 우리 머리 위에 길게 누운 채 꿈틀대며 끝없이 모습을 바꾸고 있다. 다만 정적에 가까운 우주의 고요함이 그 변화무쌍함을 숨기고 있을 뿐이다.

그렇게 우리가 우주의 존재를 어렴풋이 느끼기만 하는

사이 화성으로의 이주 계획이 이슈가 되고, 달 관광 상품을 판매하는 시대가 다가왔다. 용감한 사람들이 화성 이주 프로젝트에 지원하는가 하면, 어느 억만장자는 달 관광의 첫 주인공으로 선정되었다. 우주는 더 이상 영화 속 배경이 아닌 눈앞의 현실인 것이다.

밤하늘의 별자리가 책상 위에 보석처럼 내려앉는 상상을 하며 이 책을 옮겼다. 별과 우주의 탄생, 그리고 진화에 대한 폭넓고 다양한 지식이 알차게 담겨 있다. 그리 머지않은 미래에 머리 위 까마득한 우주 공간이 우리 삶을 채우는 일상 중 하나가 되는 날을 꿈꿔본다.

2019년 1월

옮긴이 김세원

일본의 지성을 읽는다

001 이와나미 신서의 역사
가노 마사나오 지음 | 기미정 옮김 | 11,800원

일본 지성의 요람, 이와나미 신서!
1938년 창간되어 오늘날까지 일본 최고의 지식 교양서 시리즈로 사랑
받고 있는 이와나미 신서. 이와나미 신서의 사상·학문적 성과의 발자
취를 더듬어본다.

002 논문 잘 쓰는 법
시미즈 이쿠타로 지음 | 김수희 옮김 | 8,900원

이와나미서점의 시대의 명저!
저자의 오랜 집필 경험을 바탕으로 글의 시작과 전개, 마무리까지, 각
단계에서 염두에 두어야 할 필수사항에 대해 효과적이고 실천적인 조
언이 담겨 있다.

003 자유와 규율 -영국의 사립학교 생활-
이케다 기요시 지음 | 김수희 옮김 | 8,900원

자유와 규율의 진정한 의미를 고찰!
학생 시절을 퍼블릭 스쿨에서 보낸 저자가 자신의 체험을 바탕으로,
엄격한 규율 속에서 자유의 정신을 훌륭하게 배양하는 영국의 교육
에 대해 말한다.

004 외국어 잘 하는 법
지노 에이이치 지음 | 김수희 옮김 | 8,900원

외국어 습득을 위한 확실한 길을 제시!!
사전·학습서를 고르는 법, 발음·어휘·회화를 익히는 법, 문법의 재
미 등 학습을 위한 요령을 저자의 체험과 외국어 달인들의 지혜를 바탕
으로 이야기한다.

005 일본병 -장기 쇠퇴의 다이내믹스-

가네코 마사루, 고다마 다쓰히코 지음 | 김준 옮김 | 8,900원

일본의 사회·문화·정치적 쇠퇴, 일본병!
장기 불황, 실업자 증가, 연금제도 파탄, 저출산·고령화의 진행, 격차와 빈곤의 가속화 등의「일본병」에 대해 낱낱이 파헤친다.

006 강상중과 함께 읽는 나쓰메 소세키

강상중 지음 | 김수희 옮김 | 8,900원

나쓰메 소세키의 작품 세계를 통찰!
오랫동안 나쓰메 소세키 작품을 음미해온 강상중의 탁월한 해석을 통해 나쓰메 소세키의 대표작들 면면에 담긴 깊은 속뜻을 알기 쉽게 전해준다.

007 잉카의 세계를 알다

기무라 히데오, 다카노 준 지음 | 남지연 옮김 | 8,900원

위대한「잉카 제국」의 흔적을 좇다!
잉카 문명의 탄생과 찬란했던 전성기의 역사, 그리고 신비에 싸여 있는 유적 등 잉카의 매력을 풍부한 사진과 함께 소개한다.

008 수학 공부법

도야마 히라쿠 지음 | 박미정 옮김 | 8,900원

수학의 개념을 바로잡는 참신한 교육법!
수학의 토대라 할 수 있는 양·수·집합과 논리·공간 및 도형·변수와 함수에 대해 그 근본 원리를 깨우칠 수 있도록 새로운 관점에서 접근해본다.

009 우주론 입문 -탄생에서 미래로-

사토 가쓰히코 지음 | 김효진 옮김 | 8,900원

물리학과 천체 관측의 파란만장한 역사!
일본 우주론의 일인자가 치열한 우주 이론과 관측의 최전선을 전망하고 우주와 인류의 먼 미래를 고찰하며 인류의 기원과 미래상을 살펴본다.

010 우경화하는 일본 정치
나카노 고이치 지음 | 김수희 옮김 | 8,900원

일본 정치의 현주소를 읽는다!
일본 정치의 우경화가 어떻게 전개되어왔으며, 우경화를 통해 달성하려는 목적은 무엇인가. 일본 우경화의 전모를 낱낱이 밝힌다.

011 악이란 무엇인가
나카지마 요시미치 지음 | 박미정 옮김 | 8,900원

악에 대한 새로운 깨달음!
인간의 근본악을 추구하는 칸트 윤리학을 철저하게 파고든다. 선한 행위 속에 어떻게 악이 녹아들어 있는지 냉철한 철학적 고찰을 해본다.

012 포스트 자본주의 -과학·인간·사회의 미래-
히로이 요시노리 지음 | 박제이 옮김 | 8,900원

포스트 자본주의의 미래상을 고찰!
오늘날 「성숙·정체화」라는 새로운 사회상이 부각되고 있다. 자본주의·사회주의·생태학이 교차하는 미래 사회상을 선명하게 그려본다.

013 인간 시황제
쓰루마 가즈유키 지음 | 김경호 옮김 | 8,900원

새롭게 밝혀지는 시황제의 50년 생애!
시황제의 출생과 꿈, 통일 과정, 제국의 종언에 이르기까지 그 일생을 생생하게 살펴본다. 기존의 폭군상이 아닌 한 인간으로서의 시황제를 조명해본다.

014 콤플렉스
가와이 하야오 지음 | 위정훈 옮김 | 8,900원

콤플렉스를 마주하는 방법!
「콤플렉스」는 오늘날 탐험의 가능성으로 가득 찬 미답의 영역, 우리들의 내계, 무의식의 또 다른 이름이다. 융의 심리학을 토대로 인간의 심층을 파헤친다.

015 배움이란 무엇인가
이마이 무쓰미 지음 | 김수희 옮김 | 8,900원

'좋은 배움'을 위한 새로운 지식관!
마음과 뇌 안에서의 지식의 존재 양식 및 습득 방식, 기억이나 사고의
방식에 대한 인지과학의 성과를 바탕으로 배움의 구조를 알아본다.

016 프랑스 혁명 -역사의 변혁을 이룬 극약-
지즈카 다다미 지음 | 남지연 옮김 | 8,900원

프랑스 혁명의 빛과 어둠!
프랑스 혁명은 왜 그토록 막대한 희생을 필요로 하였을까. 시대를 살
아가던 사람들의 고뇌와 처절한 발자취를 더듬어가며 그 역사적 의
미를 고찰한다.

017 철학을 사용하는 법
와시다 기요카즈 지음 | 김진희 옮김 | 8,900원

철학적 사유의 새로운 지평!
숨 막히는 상황의 연속인 오늘날, 우리는 철학을 인생에 어떻게 '사용'
하면 좋을까? '지성의 폐활량'을 기르기 위한 실천적 방법을 제시한다.

018 르포 트럼프 왕국 -어째서 트럼프인가-
가나리 류이치 지음 | 김진희 옮김 | 8,900원

또 하나의 미국을 가다!
뉴욕 등 대도시에서는 알 수 없는 트럼프 인기의 원인을 파헤친다. 애
팔래치아 산맥 너머, 트럼프를 지지하는 사람들의 목소리를 가감 없
이 수록했다.

019 사이토 다카시의 교육력 -어떻게 가르칠 것인가-
사이토 다카시 지음 | 남지연 옮김 | 8,900원

창조적 교육의 원리와 요령!
배움의 장을 향상심 넘치는 분위기로 이끌기 위해 필요한 것은 가르
치는 사람의 교육력이다. 그 교육력 단련을 위한 방법을 제시한다.

020 원전 프로파간다 -안전신화의 불편한 진실-
혼마 류 지음 | 박제이 옮김 | 8,900원

원전 확대를 위한 프로파간다!
언론과 광고대행사 등이 전개해온 원전 프로파간다의 구조와 역사를
파헤치며 높은 경각심을 일깨운다. 원전에 대해서, 어디까지 진실인
가.

021 허블 -우주의 심연을 관측하다-
이에 마사노리 지음 | 김효진 옮김 | 8,900원

허블의 파란만장한 일대기!
아인슈타인을 비롯한 동시대 과학자들과 이루어낸 허블의 영광과 좌
절의 생애를 조명한다! 허블의 연구 성과와 인간적인 면모를 살펴볼
수 있다.

022 한자 -기원과 그 배경-
시라카와 시즈카 지음 | 심경호 옮김 | 9,800원

한자의 기원과 발달 과정!
중국 고대인의 생활이나 문화, 신화 및 문자학적 성과를 바탕으로, 한
자의 성장과 그 의미를 생생하게 들여다본다.

023 지적 생산의 기술
우메사오 다다오 지음 | 김욱 옮김 | 8,900원

지적 생산을 위한 기술을 체계화!
지적인 정보 생산을 위해 저자가 연구자로서 스스로 고안하고 동료
들과 교류하며 터득한 여러 연구 비법의 정수를 체계적으로 소개한다.

024 조세 피난처 -달아나는 세금-
시가 사쿠라 지음 | 김효진 옮김 | 8,900원

조세 피난처를 둘러싼 어둠의 내막!
시민의 눈이 닿지 않는 장소에서 세 부담의 공평성을 해치는 온갖 악
행이 벌어진다. 그 조세 피난처의 실태를 철저하게 고발한다.

025 고사성어를 알면 중국사가 보인다

이나미 리쓰코 지음 | 이동철, 박은희 옮김 | 9,800원

고사성어에 담긴 장대한 중국사!
다양한 고사성어를 소개하며 그 탄생 배경인 중국사의 흐름을 더듬
어본다. 중국사의 명장면 속에서 피어난 고사성어들이 깊은 울림을
전해준다.

026 수면장애와 우울증

시미즈 데쓰오 지음 | 김수희 옮김 | 8,900원

우울증의 신호인 수면장애!
우울증의 조짐이나 증상을 수면장애와 관련지어 밝혀낸다. 우울증을
예방하기 위한 수면 개선이나 숙면법 등을 상세히 소개한다.

027 아이의 사회력

가도와키 아쓰시 지음 | 김수희 옮김 | 8,900원

아이들의 행복한 성장을 위한 교육법!
아이들 사이에서 타인에 대한 관심이 사라져가고 있다. 이에 「사람과
사람이 이어지고, 사회를 만들어나가는 힘」으로 「사회력」을 제시한다.

028 쑨원 -근대화의 기로-

후카마치 히데오 지음 | 박제이 옮김 | 9,800원

독재 지향의 민주주의자 쑨원!
쑨원, 그 남자가 꿈꾸었던 것은 민주인가, 독재인가? 신해혁명으로 중
화민국을 탄생시킨 희대의 트릭스터 쑨원의 못다 이룬 꿈을 알아본다.

029 중국사가 낳은 천재들

이나미 리쓰코 지음 | 이동철, 박은희 옮김 | 8,900원

중국 역사를 빛낸 56인의 천재들!
중국사를 빛낸 걸출한 재능과 독특한 캐릭터의 인물들을 연대순으로
살펴본다. 그들은 어떻게 중국사를 움직였는가?!

030 마르틴 루터 -성서에 생애를 바친 개혁자-

도쿠젠 요시카즈 지음 | 김진희 옮김 | 8,900원

성서의 '말'이 가리키는 진리를 추구하다!
성서의 '말'을 민중이 가슴으로 이해할 수 있도록 평생을 설파하며 종교
개혁을 주도한 루터의 감동적인 여정이 펼쳐진다.

031 고민의 정체

가야마 리카 지음 | 김수희 옮김 | 8,900원

현대인의 고민을 깊게 들여다본다!
우리 인생에 밀접하게 연관된 다양한 요즘 고민들의 실례를 들며, 그
심층을 살펴본다. 고민을 고민으로 만들지 않을 방법에 대한 힌트를 얻
을 수 있을 것이다.

032 나쓰메 소세키 평전

도가와 신스케 지음 | 김수희 옮김 | 9,800원

일본의 대문호 나쓰메 소세키!
나쓰메 소세키의 작품들이 오늘날에도 여전히 사람들의 마음을 매료
시키는 이유는 무엇인가? 이 평전을 통해 나쓰메 소세키의 일생을 깊
이 이해하게 되면서 그 답을 찾을 수 있을 것이다.

033 이슬람문화

이즈쓰 도시히코 지음 | 조영렬 옮김 | 8,900원

이슬람학의 세계적 권위가 들려주는 이야기!
거대한 이슬람 세계 구조를 지탱하는 종교·문화적 밑바탕을 파고들
며, 이슬람 세계의 현실이 어떻게 움직이는지 이해한다.

034 아인슈타인의 생각

사토 후미타카 지음 | 김효진 옮김 | 8,900원

물리학계에 엄청난 파장을 몰고 왔던 인물!
아인슈타인의 일생과 생각을 따라가 보며 그가 개척한 우주의 새로운
지식에 대해 살펴본다.

035 음악의 기초

아쿠다가와 야스시 지음 | 김수희 옮김 | 9,800원

음악을 더욱 깊게 즐길 수 있다!
작곡가인 저자가 풍부한 경험을 바탕으로 음악의 기초에 대해 설명하는 특별한 음악 입문서이다.

IWANAMI 036

우주와 별 이야기

초판 1쇄 인쇄 2019년 2월 10일
초판 1쇄 발행 2019년 2월 15일

저자 : 하타나카 다케오
번역 : 김세원

펴낸이 : 이동섭
편집 : 이민규, 서찬웅, 탁승규
디자인 : 조세연, 백승주, 김현승
영업·마케팅 : 송정환
e-BOOK : 홍인표, 김영빈, 유재학, 최정수
관리 : 이윤미

㈜에이케이커뮤니케이션즈
등록 1996년 7월 9일(제302-1996-00026호)
주소 : 04002 서울 마포구 동교로 17안길 28, 2층
TEL : 02-702-7963~5 FAX : 02-702-7988
http://www.amusementkorea.co.kr

ISBN 979-11-274-2284-4 04440
ISBN 979-11-7024-600-8 04080

UCHU TO HOSHI
by Takeo Hatanaka

이 도서의 국립중앙도서관 출판예정도서목록(CIP)은 서지정보유통지원시스템 홈페
이지(http://seoji.nl.go.kr)와 국가자료공동목록시스템(http://www.nl.go.kr/kolisnet)
에서 이용하실 수 있습니다. (CIP제어번호: CIP2019001232)

*잘못된 책은 구입한 곳에서 무료로 바꿔드립니다.